飞行员工作负荷

杜俊敏　何雪丽　康卫勇　编著

内 容 简 介

本书共分 6 章,分别是:概述即飞行安全与飞行员工作负荷总体介绍、基于人机界面和任务的工作负荷评估方法、主观评价法、生理测量法、工作绩效测量法、工作负荷适航符合性审定。书中内容系统地介绍了与民用航空(简称"民航")飞行安全相关的飞行员/飞行机组工作负荷的基本原理和基础知识、目前民航飞行员工作负荷的概念和内涵、民航适航验证与审定推荐的工作负荷评估方法和评估程序,结合作者及国内外其他学者的研究工作,展示了国内外工作负荷研究工作的成果和典型应用案例。

本书融基础性、系统全面性、应用案例性为一体,既可作为高等院校航空相关专业课程学习的教材,也可作为民航局相关及航空企事业等单位从业人员的参考读物,对于从事人为因素与飞行安全研究的人员亦具有较高的参考价值。

图书在版编目(CIP)数据

飞行员工作负荷 / 杜俊敏,何雪丽,康卫勇编著

.－－北京 :北京航空航天大学出版社,2021.1

ISBN 978 - 7 - 5124 - 3422 - 6

Ⅰ.①飞… Ⅱ.①杜… ②何… ③康… Ⅲ.①飞行人员－工作负荷(心理学) Ⅳ.①V321.3

中国版本图书馆 CIP 数据核字(2020)第 244137 号

飞行员工作负荷

杜俊敏　　何雪丽　　康卫勇　编著

策划编辑　陈守平　　责任编辑　孙兴芳

＊

北京航空航天大学出版社出版发行

北京市海淀区学院路 37 号(邮编 100191)　http://www.buaapress.com.cn

发行部电话:(010)82317024　传真:(010)82328026

读者信箱:goodtextbook@126.com　邮购电话:(010)82316936

北京九州迅驰传媒文化有限公司印装　各地书店经销

＊

开本:787×1 092　1/16　印张:10.75　字数:275 千字

2021 年 2 月第 1 版　2021 年 2 月第 1 次印刷　印数:1 000 册

ISBN 978 - 7 - 5124 - 3422 - 6　定价:49.00 元

前　言

　　飞行安全是民用航空的第一追求和永恒主题,确保飞行安全是民用航空的头等大事。飞行安全的三大要素是人、机器和环境。人是飞机运行中的能动主体,尤其是被称为飞行安全最后一道防线的飞行员,在飞行安全中起着举足轻重的作用。工作负荷是影响飞行员工作表现的重要因素。若工作负荷过低,则会令人产生厌倦和自满情绪,变得漫不经心和/或无聊;若工作负荷过高,则往往会导致遗漏重要信息、出现差错或削减任务以试图降低工作负荷。为了使飞行员保持及时和有效执行任务的能力,适宜的工作负荷极为重要。工作负荷是了解飞行员工作表现,进而了解航空系统安全高效运行的核心,对飞行安全非常重要。飞行安全领域发展起来的工作负荷先进理念和方法,在道路交通安全和工业生产安全等领域亦获得广泛应用。

　　飞行员工作负荷是人为因素研究中的一项关键内容。自从20世纪70年代初,人为因素(简称"人因")被认为是一个导致飞行事故反复出现的原因以来,它在飞行事故中一直占据着突出地位,绝大多数飞行事故都与人为因素有关。在多起与人为因素有关的飞行事故中,由飞行员工作负荷不佳导致的人因差错占据了相当大的比例,从而使其较早成为国际航空界对飞行安全领域的重点关注内容之一。在相当长的一段时期内,飞行员工作负荷评估是民用飞机驾驶舱人因评估的总纲统领,在与民用飞机有关的适航性验证和审定中占据顶层的关键位置。航空人因领域的研究人员对飞行员工作负荷进行了大量研究,成果在飞行员工作负荷测量、评估与预测、民用飞机驾驶舱人机界面优化设计、民用飞机适航验证与审定等方面获得了认可和应用,对降低飞行员差错、提高飞行安全发挥了积极作用。

　　飞行员工作负荷受到飞行任务、飞行环境、个体能力、身心状态等多种因素的影响,许多因素具有非线性、随机性、时变性等特点而难以量化,往往需要综合多学科知识加以研究,研究者亦从不同的角度提出了多种评估方法。如果从工作负荷与任务执行者的关系来看,工作负荷可认为由功能上相互关联的三部分组成,即输入负荷、操作者努力和工作绩效。基于输入负荷而进行的工作负荷评估方法指的是基于人机界面和操作任务进行工作负荷预测分析方法;基于操作者努力而进行的工作负荷评估方法指的是应用于操作者自身的测量,如主观评价法和生理测量法;基于工作绩效即操作结果而进行的工作负荷评估指的是主要任务测量法和辅助任务测量法。这些方法是目前飞行员工作负荷评估的代表性方法。本书第1章"概述"是飞行安全与飞行员工作负荷的总体介绍,包括飞行安全与工作负荷的概念,二者的发展与现状,工作负荷在飞行安全中的地位和作用,以及工作负荷与认知、情境意识等相关研究的关系。第2～5章对代表性评估方法做了详细介绍，即基于输入负荷的评估方法（第2章"基于人机界面和任务的工作负荷评估方法"）、基于操作者努力的评估方法（第3章"主观评价法"和第4章"生理测量法"）和基于工作绩效的评估方法（第5章"工作绩效测量法"）。这些方法各有优缺点，例如主观评价法和工作绩效测量法稳定度及可靠性高，但客观性不足，而生理测量法则刚好相反。为了扬长避短，同时考虑到不同评估方法的适用情境，包含多种评估方法在内的综合性方法也在逐渐发展起来。

对飞行员/飞行机组工作负荷的评估，目标是要验证该机型在工作负荷方面是否满足适航要求。任何新机型或改装机型均需进行系统评价和试验计划，通过一套逻辑过程来评估、测量、演示特定驾驶舱设计施加给飞行员/飞行机组的工作负荷。为了保证航空器作为常规交通工具能安全地运行，在投入市场之前，必须证明航空器的设计和构造是符合安全要求的，这就是适航符合性审定。适航概念的引入，可帮助航空工程领域的研究者、设计者、制造者、运营商和适航当局相互了解，为飞行安全这个共同目标而协同一致地工作。本书第6章"工作负荷适航符合性审定"介绍了民航飞行员/飞行机组工作负荷适航规章条款、适航符合性验证方法和审定程序，以及国内外在工作负荷标准方面的研究成果和已发布的相关标准。

过去一个多世纪，在飞机设计方面积累了大量的经验。随着技术的不断发展，飞机系统愈加复杂，驾驶舱系统集成和自动化应用更加广泛。无论技术如何发展，飞行安全始终是飞机设计首要关注的问题，现代运输机任何时候都离不开人的主导，飞行员/飞行机组工作负荷是飞机设计过程中必不可缺的人因要素。

本书根据北京航空航天大学2020年《人因工程与飞行安全教学大纲》中飞行员/飞行机组工作负荷的教学内容同时结合作者及国内外其他学者的研究工作编著而成，侧重介绍事关飞行安全的工作负荷的基础内容，尽量反映当前国际民航主流的工作负荷与飞行安全理念和方法。感谢以下项目和课题支持：国家自然科学基金项目"基于车载科技产品使用的驾驶分心策略研究"、中国标准化研究院院长基金重大项目"中国常用人体工效学特征模型构建及应用研究"、国家重点研发计划课题"以人为中心的设计与产品用户体验测评技术标准研究"。感谢北京航空航天大学交通科学与工程学院对本书成稿的鼓励和支持。此外，还要感谢王黎静、柳忠起博士在本研究中的相关工作。鉴于作者水平有限，书中难免有不当之处，敬请读者谅解和批评指正。

作　者
2020年2月

目　　录

第1章 概　述

人为因素(简称"人因")是飞行事故的三大致因之一,民用航空飞行事故中的人因事故高达事故量的 3/4 以上,对飞行中人因状况予以改善是提高民用航空安全水平的最有效途径。飞行机组工作负荷是导致飞行事故的一个主要因素,也是人因研究中的一项重要内容,在适航规章中亦有明确要求。为了使飞行员保持及时和有效执行任务的能力,适宜的工作负荷极为重要。工作负荷是理解飞行员工作表现,进而理解航空系统安全高效运行的核心。

1.1　飞行安全的发展与现状

有动力航空飞行是 20 世纪最伟大的科技成就之一。1903 年 12 月 17 日,在美国北卡罗来纳州的基蒂霍克,来自俄亥俄州代顿的自行车制造商莱特兄弟成功试飞"飞行者一号",这是人类首次有动力、持续、可操纵的飞行,标志着飞机时代的来临,开启了人类航空活动的新篇章。

航空飞行很快成为一种新的运输方式,美、英、法、日、意、澳等一些国家开始进行邮件货物和旅客运输。军用飞机在第一、第二次世界大战期间因强劲的作战需求而获得迅速发展。早期参加航空活动的国家为飞行事故付出了惨重的代价。

第二次世界大战之后民用航空快速发展,航空运量和安全水平均稳步提高。如今航空客运量随着全球 GDP 的增长而持续上升,直到遭遇 2020 年新冠肺炎(Covid - 19)大流行(见图 1 - 1(a))。2020 年,新冠肺炎大流行对全球航空旅行和航空业造成了第二次世界大战以来最大的冲击,预计 2020 年全球航空业收入乘客公里数(Revenue Passenger Kilometers,RPKs)下降 66%。2020 年初,中国国内航空市场首先下跌,随着疫情的蔓延,全球都感受到了它对航空运输的影响,4 月份达到了低点,当时客运量较上年同期最多下降了 94%,航空业大部分业务停

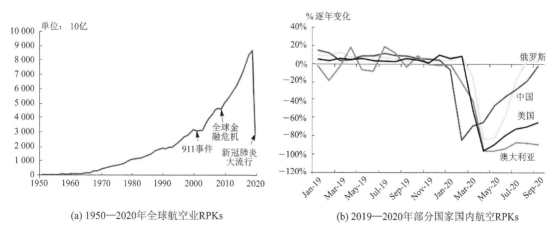

(a) 1950—2020年全球航空业RPKs　　　　(b) 2019—2020年部分国家国内航空RPKs

图 1 - 1　全球航空业 RPKs

飞。此后,多数国家的国内航空旅行开始复苏(见图 1-1(b))。按危机之前 IATA 做出的预测(见图 1-2),2037 年全球航空客运量将达 82 亿人次,航空业重心持续东移,亚太地区将成为推动需求增长的最大驱动力,2024—2025 年,中国将取代美国成为全球最大的航空市场,印度位列美国之后,将在 2024 年左右超过英国成为第三大航空市场,印度尼西亚预计将在 2030年跃居第四大市场。

注 1:国际航协在世界各地共拥有 290 家成员航空公司,其定期国际航班客运量占全球的 82%。

注 2:客运总量 82 亿人次是以当前政策为基础,按照起讫点和转机旅客人次计算得出。

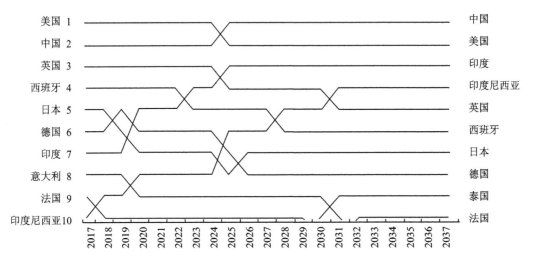

图 1-2　随时间推移 10 个最大的航空客运市场(按每个国家往、返和国内的旅客数进行排名)

从统计数据来看,事故的数量在逐年减少,航空安全表现出令人乐观的趋势。国际民航组织(ICAO)发布的年度安全报告显示,2017 年是有史以来航空记录最安全的一年,当年全球有 41 亿乘客乘坐飞机,定期商业航班离港 50 人死亡,全球出现死亡率为每 10 亿乘客 12.2 人死亡。图 1-3 所示是 ICAO 统计的近 10 年(2009—2019 年)定期商业航班事故趋势。图 1-4 所示是 IATA 统计的客运量与死亡人数的对比。

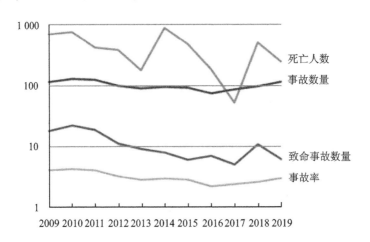

图 1-3　定期商业航班事故趋势

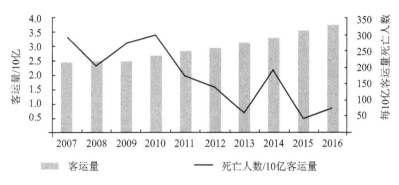

图 1-4 客运量与死亡人数的对比

与其他运输方式相比,当今航空运输已相当安全。例如,与道路交通安全相比,航空运输造成的死亡人数是极低的。世界卫生组织(World Health Organization,WHO)发布的《道路安全全球现状报告2015》显示,2013年道路交通死亡人数为125万人,在全球人口和机动化程度持续增加的情况下,道路交通死亡人数处于稳定水平(见图1-5)。ICAO统计的商业航空事故数据(见图1-6),2014年是2010—2019年死亡人数最多的一年,死亡911人。ICAO统计的仅仅是加入其组织的商业航空的数据,但即使加上其他航空飞行造成的死亡人数,仍远远小于道路交通死亡人数。

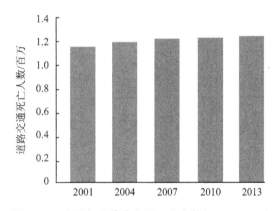

图 1-5 世界各地道路交通死亡人数(WHO,2015)

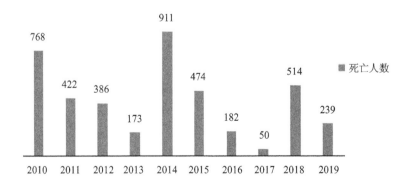

图 1-6 2010—2019 年商业航空死亡人数(ICAO Safety Report,2020)

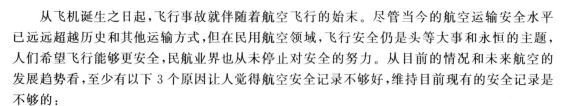

从飞机诞生之日起,飞行事故就伴随着航空飞行的始末。尽管当今的航空运输安全水平已远远超越历史和其他运输方式,但在民用航空领域,飞行安全仍是头等大事和永恒的主题,人们希望飞行能够更安全,民航业界也从未停止对安全的努力。从目前的情况和未来航空的发展趋势看,至少有以下3个原因让人觉得航空安全记录不够好,维持目前现有的安全记录是不够的:

首先,空难非常容易吸引大众和媒体的关注。一次惨痛空难可能造成大量人员死亡,无论发生在世界的哪个地方,都会立刻成为大新闻,引起公众的高度关注。再加上事故调查是一个持续时间相当长的过程,不时发出的事故调查进展也令媒体和公众再次关注。

其次,保持离港事故率或者死亡人数是不能让人满意的。全球航空运输量一直在持续增长,如果仅仅保持目前的事故率稳定,那么随着离港架次和旅客数量的持续增长,事故次数和死亡人数必然持续增加,这是公众不愿看到的;而如果保持死亡人数不变,则在全球航空运输量持续增长的条件下,意味着安全水平需要继续提高。

最后一个原因是严峻的,即人的生命是最宝贵的,无故夺走他人的生命是最大的罪过。因此,我们不能满足现状,行业要继续努力提高飞行安全水平。

1.2　飞行安全的含义

飞行安全是民用航空的第一追求和永恒的主题,确保飞行安全是民航的头等大事。在航空领域,国际民航组织(ICAO)将安全定义为一种状态,即"通过持续的危险识别和安全风险管理过程,将对人员伤害或财产损失的可能性,降低并保持在可接受的水平或以下的状态"。

飞行安全的三大要素是人、机器和环境。人是飞机运行中的能动主体,包括飞行员、空中交通管制员、维修人员和其他与飞行相关的人员。在飞机运行中,依赖训练有素的人员避免事故或灾难性错误的出现是非常重要的。同时,还要通过有组织的安排,保证这些人员保持足够水平的职业技能和身心健康。机器是航空器,包括所有与飞行运行相关的硬件和软件。环境不仅包括所有可能对飞行产生影响的气象条件、地形、机场、交通状况等外部因素,还包括会影响航空器本身和机上乘员的内部环境因素。广义环境还包括对飞行运行相关个体行为活动产生深刻影响的社会环境。

人、机器和环境这三大安全要素可以看作飞行安全链条的三个环节,它们的一个重要特点是以串联的方式对飞行安全产生影响,而非并行方式,单个环节失效足以引发事故。最好的飞行员也无法补救航空器一系列失效带来的后果,一个飞行员的失误亦可能将最好的航空器置入危险状态,飞行事故中不胜枚举的此类例子说明了这点。尽管飞行事故往往是由多种因素综合造成的,但事故的起因总是源于这三个环节中某一环节的失效。

本书所涉及的飞行安全,指的是航空器的飞行安全,航空器在运行过程中,不出现因运行失当或外来原因而造成航空器上人员伤亡或航空器损坏的事件。此处,航空器运行过程界定为任何人登上航空器准备起飞直至全部人员离机为止的时间内所发生的与该航空器运行有关的飞行活动或事件。这一定义源自ICAO制定的国际标准和建议措施-国际民用航空公约-附件13.航空器事故和事故征候调查,具体如下:

事故:在任何人登上航空器准备飞行直至所有人员下了航空器为止的时间内,所发生的与该航空器的运行有关的事件,在此事件中:

a) 由于下述情况,人员遭受致命伤或重伤:

- 在航空器内,或

- 在航空器的任何部分包括与已脱离航空器的部分直接接触,或

- 直接暴露于喷气尾喷

但由于自然原因、由自己或他人造成的受伤,或由于藏在通常供旅客和机组使用区域外的偷乘飞机者造成的受伤除外;或

b) 航空器受到损害或结构故障,它:

- 对航空器的结构强度、性能或飞行特性造成不利的影响,和

- 通常需要大修或更换有关受损部件

但当损坏仅限于发动机整流罩或附件的损坏造成的发动机故障或损坏除外;或当损坏仅限于螺旋桨、翼尖、天线、轮胎、制动器、整流片、航空器蒙皮的小凹坑或穿孔除外;或

c) 航空器失踪或处于完全无法接近的地方。

事故症候:不是事故,而是与航空器的操作使用有关、会影响运行安全的事件。

不安全行为:违反纪律、操作程序和方法等具有危险性的做法。这是人的行为和管理方面的问题,例如违规操作、不执行安全要求、使用不安全设备等。

飞行安全常用衡量指标有百万次离港事故率、百万飞行小时事故率、万架次事故率、亿客公里死亡率等。从这些指标可以看出飞行事故与飞行安全的紧密联系。飞行事故是对安全的终极检验,它从不同角度暴露出了飞机设计、结构、机组、气象、环境、维修保障等各方面存在的薄弱环节。

尽管消除事故是飞行安全的终极目标,但事实上,航空系统无法绝对避免危险和相关风险,人类活动或人造系统也无法保证绝对没有操作差错和后果。另外,如果我们的目标是实现完美安全的理论水平,那么为了保证绝对安全,我们需要使用非常昂贵的材料和极其复杂的工艺,这在成本上将是非常不经济而且难以实现的。因此,安全是航空系统的一个动态特性,要不断地降低安全风险。降低人类活动中的风险等级,这才是安全的主要目标。

在固有安全系统中,可接受受控安全风险和受控误差。安全性能的可接受性往往受到国内与国际惯例和文化的影响。只要安全风险保持在一个适当的控制水平下,那么像航空这样开放和动态的系统仍是可以在效益和安全之间保持适当平衡的。一家航空公司的安全形象也是很重要的,而这个安全形象的保持与公众感知安全风险的概念相关。因此,飞行安全总是危险、风险和成本的妥协。

对于可接受水平这个最低安全要求的满足方法,则通过持续的危险识别和安全风险管理来实现,这是一个持续的过程。危险是可能(潜在的)导致人员受伤、设备或结构损坏、材料损失或执行规定功能的能力降低的状况、物体或行为。

危险的类型包括自然灾害、技术缺陷和经济因素等。

1. 自然灾害

- 恶劣天气或气候事件,如冬季风暴、飓风、龙卷风、雷暴、风切变等;
- 不利的天气条件,如大雨、大雪、风和能见度限制等;
- 地球物理事件,如火山、海啸、地震、洪水、山体滑坡等;
- 地理条件,如跑道建在山坡等不利地形,大水体等;
- 环境事件,如野生鸟类活动、昆虫或虫害、野火等;

- 公共卫生事件,如流感或其他流行病。

2．技术缺陷

- 飞机缺陷,如飞机和飞机部件、系统、子系统和相关设备的设计和制造缺陷等;
- 组织设施,如航空公司工具和相关设备缺陷等;
- 组织外部设施,如组织外部系统、子系统和相关设备缺陷等。

3．经济因素

- 经济成长,如经济增长、出行人数增多、航班密集;
- 经济衰退,如经济下滑、削减开支等;
- 材料或设备成本。

危险的潜在结果称为后果。例如,直接穿过跑道的 15 节风是一项危险,此危险的潜在结果,即后果,是飞行员在起飞或着陆期间可能无法控制飞机。对于危险后果的评估,以预测后果的出现概率和严重程度表示,作为参考最严重的可预见情况,这就是风险。例如,根据概率和严重程度,对飞行员可能失去飞机控制的后果进行评估。其中,概率是不安全事件或条件可能发生的可能性。例如,用 5 级表示后果出现的概率,如表 1-1 所列。

表 1-1　后果出现的概率

定性描述	含义	值
频繁	可能多次发生(经常发生)	5
偶然	可能有时发生(很少发生)	4
较小	不太会发生,但可能发生(很少发生)	3
不可能	不太可能发生(不知道发生过)	2
极不可能	几乎不可想象事件会发生	1

严重程度是对不安全事件或状况的可能后果的严重性进行评估,以可预见的最坏情况为参考。可以根据以下因素确定严重程度:资产、金融、可靠性、人、环境、形象、公众信心。例如,用 5 级表示后果的严重程度,如表 1-2 所列。

表 1-2　后果出现的严重程度

航空定义	含义	值
灾难性的	● 设备被毁; ● 多人死亡	A
危险的	● 大幅降低安全系数、身体不适或工作负荷不适宜,使操作者无法可靠地将任务准确或完整地执行; ● 严重的人员伤害; ● 主要设备损坏	B
重大的	● 安全边际显著降低,由于工作负荷增加而降低了操作者应对不利操作条件的能力,或影响其效率; ● 严重事故症候; ● 人员受伤	C

续表 1 - 2

航空定义	含 义	值
轻微的	● 滋扰； ● 操作限制； ● 使用应急程序； ● 轻微事故症候	D
可忽略的	● 后果轻微	E

在风险评估时，一些提问可以帮助确定潜在后果出现的概率。例如：

● 在历史上是否发生过类似于被评估事件的情况？
● 哪些装备或类似类型组件可能有类似缺陷？
● 有多少操作人员须遵循相关程序？
● 被评估的设备或程序的使用频率如何？

在风险评估时，同样也有一些提问可以帮助确定潜在后果出现的严重性。例如：

● 可能会有多少人丧命？包括机组、乘客、旁观者和普通大众在内。
● 可能会对环境造成什么影响？包括燃料或其他危险品的溢出，对自然的物理性破坏等。
● 财产或财务损失的严重程度如何？包括直接运营商财产损失、航空基础设施受损、第三方损害、对国家的财务影响和经济影响等。
● 是否存在可能对公共安全产生更大威胁的组织、管理或监管影响？
● 是否存在可能的政治影响和/或媒体兴趣？

将风险评估的后果概率和严重性放在一个表格中，则可得到风险评估矩阵（见表 1 - 3）。表中黑体部分意味着"现有情况是不可接受的"，正常字体部分意味着"基于风险控制可接受"，斜体部分意味着"可接受"。

表 1 - 3 风险评估矩阵

风险概率	风险严重程度				
	灾难性的 A	危险的 B	重大的 C	轻微的 D	可忽略的 E
频繁	**5A**	**5B**	**5C**	5D	5E
偶尔	**4A**	**4B**	4C	4D	4E
较小	**3A**	3B	3C	3D	*3E*
不可能	2A	2B	2C	*2D*	*2E*
极不可能	*1A*	*1B*	*1C*	*1D*	*1E*

机场、航空公司、维修厂家等可以根据自身需要，制定更为具体的风险评估矩阵。例如，韩国首尔仁川国际机场制定的风险评估矩阵如表 1 - 4～表 1 - 7 所列。

表1-4 韩国首尔仁川国际机场的风险后果出现概率的等级划分和定义

等级	概率	含义
5	极高	预计将在1个月内发生
4	高	预计将在1年内发生
3	中等	预计将在5年内发生
2	低	预计将在20年内发生
1	极低	预计将不会在20年内发生

表1-5 韩国首尔仁川国际机场的风险后果严重性的等级划分和定义

等级	严重性	损失	含义
5	极高	人员损失	伤亡人数超过10人
		硬件损失	超过1 000万美元
		运营损失	机场关闭或机场运营暂停
4	高	人员损失	伤亡人数为1~9人
		硬件损失	超过100万美元,但低于1 000万美元
		运营损失	跑道关闭超过24小时,滑行道和停机坪关闭超过72小时
3	中等	人员损失	重伤需要住院治疗
		硬件损失	超过10万美元,但低于100万美元
		运营损失	跑道关闭超过12小时,滑行道和停机坪关闭低于72小时
2	低	人员损失	轻伤治疗4周以上
		硬件损失	超过1万美元,但低于10万美元
		运营损失	飞机运营延误3小时或飞机运营取消
1	极低	人员损失	轻伤治疗4周以下
		硬件损失	低于1万美元
		运营损失	对机场运营无影响

表1-6 韩国首尔仁川国际机场的风险矩阵和风险等级划分

概率 \ 严重性	极高 5	高 4	中等 3	低 2	极低 1
极高 5	极高 (25)	极高 20	高 (15)	高 (10)	中等 (5)
高 4	极高 (20)	极高 (16)	高 (12)	中等 (8)	中等 (4)
中等 3	高 (15)	高 (12)	高 (9)	中等 (6)	低 (3)
低 2	高 (10)	中等 (8)	中等 (6)	中等 (4)	低 (2)
极低 1	中等 (1)	中等 (5)	低 (3)	低 (2)	低 (1)

表 1-7 韩国首尔仁川国际机场对各风险等级的建议

风险等级		风险的可接受性	管理标准
16～25	极高	不可容忍	需要消除或降低到中等风险以下
9～15	高	可容忍	需要消除或降低到中等风险以下
4～8	中等		这是可接受的,但需要采取进一步行动
1～3	低	可接受	不需要采取进一步行动

1.3 飞行事故致因

飞行事故的主要致因有三大类,即技术因素、人为因素和组织因素。这三个因素在飞行安全发展的历史进程中依次浮现,如今仍在事故致因中扮演主要角色。

技术因素——从 20 世纪初至 60 年代末。航空成为一种大众化的运输工具,但受当时技术水平所限,安全缺陷和技术故障是事故的主要致因,因此安全努力的重点放在技术因素的调查和改进。到 20 世纪 50 年代,技术进步使得事故频率逐渐下降,安全流程被扩展到法规遵从和监督的层面。此后,随着航空技术水平的不断提升,因为技术因素造成的飞行事故比例逐年下降。

人为因素——从 20 世纪 70 年代初到 90 年代中期。20 世纪 70 年代初,由于重大科技和安全规章的进步,飞行事故频率显著降低,航空成为更安全的运输方式,安全努力的重点扩大到包括人机界面的人为因素问题。在飞行事故中,人的表现被认为是一个导致事故反复出现的原因。但早期人为因素科学的应用倾向于关注个人,而没有充分考虑操作组织环境。直到 20 世纪 90 年代,才认识到在复杂环境中,个人操作行为受到多种因素的影响。

组织因素——从 20 世纪 90 年代中期至今。安全开始被从系统性的角度来看待,除了人为因素和技术因素以外,安全还包括组织因素。因而出现了组织事故的概念,这考虑了组织文化和政策对安全风险控制有效性的影响。另外,传统的安全方法局限于收集和分析来自调查事故和严重事故症候的数据,如今,新的积极的安全分析方法被补充进来。这种新方法基于主动和被动的常规数据收集和分析,以及监测已知安全风险和检测新的安全问题。这些使得飞行安全走向更理性的安全管理方向。

据民航统计数据显示,绝大多数飞行事故都与人为因素有关,对飞行中人为因素予以改善是提高民用航空安全水平的最有效途径,人为因素已成为国际航空界对飞行安全领域的重点关注内容之一。

人为因素是关于人的科学,研究的是工作和生活环境中的人,以及人与人、设备、程序、环境之间的关系,目标是实现系统安全和高效运行。飞行安全中的人为因素是研究航空活动中人的一切表现的科学,包括航空飞行中人的能力和局限、单独工作或团体工作的行为和表现等。人是航空飞行系统的核心和关键,通过了解人的优势和局限,以及人与系统中其他要素的关系,寻找预防和克服系统中缺陷的措施,最终达到飞行安全和高效的目的。

1. 人为因素的起源

有人认为史前首次使用工具的人类是人为因素学说的奠基者。五千多年前,人类按照人

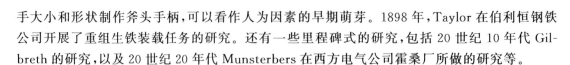

手大小和形状制作斧头手柄,可以看作人为因素的早期萌芽。1898年,Taylor在伯利恒钢铁公司开展了重组生铁装载任务的研究。还有一些里程碑式的研究,包括20世纪10年代Gilbreth的研究,以及20世纪20年代Munsterbers在西方电气公司霍桑厂所做的研究等。

人们已深入理解了人在产品设计、制造和服务中的作用。人的这种作用,在各种文献中至少有70余种定义,包括人为因素、人类工效学、人机工程学、人因工程学、应用工效学、人机环境系统工程学等。虽然用词不同,但是它们的基本含义相同,是可以互换使用的。

2. 航空人为因素在一战及之后民航领域中的应用

一战期间,英国人认为了解人为因素非常必要,他们对飞行员死亡原因做了统计,表明2%死于敌军,8%死于飞机故障,90%死于自身个体缺陷。英国、法国、意大利、美国等先后对飞行员选拔程序进行了研究,得出了一致的结论,即人员伤亡的主要原因是人的差错,而非战斗原因或结构故障。当时的心理学家认为用更优的选拔程序可以改善状况,他们取得了一定成功。

在民航业发展初期,就较早地意识到一些生理问题,这些问题使航空医学涉及了人为因素领域。由于航空环境与地面生活环境有很大不同,因此从事航空医学的医生们从医学专业角度出发,选择了关注海拔高度、速度、加速度、温度、振动、噪声、疲劳等问题,从而发现对飞行员进行简单的体检,即可大大降低初始培训阶段飞行员的淘汰率。20世纪20年代中期,美国的航空条例就开始要求飞行员进行定期体检。

可以看到,航空医学领域的医生和心理学者为新兴的民航运输业做出了积极贡献,尤其是在飞行员选拔和培训方面。

3. 航空人为因素在二战时期的发展

二战极大地推动了航空领域中人为因素的发展。制空权是二战期间的必争焦点。飞行员不仅要在高空复杂的气象条件下控制飞机,还要执行搜索、识别、攻击敌机,以及躲避和摆脱敌机威胁的作战任务。相较于一战时期的飞机,二战时期的飞机在性能方面有了更大的提升,可以飞得更高、更快,机动性也更佳。同时,驾驶舱内的显示仪表和控制器数量也急剧增加,从一战时期的不足10个增加到二战时期的20个甚至更多。作战过程中,飞行员既要警视窗外敌情,又要巡视各种仪表,并且要快速做出判断以完成飞行与作战操作,这使得那些经过严格选拔和培训的优秀飞行员也难免出现差错,意外事故和伤亡频繁发生。

耗费巨资研制的"先进"飞机却未必获胜,这让军事首领们不得不寻找原因。美国对事故进行调查,发现飞机事故的90%是由人的原因造成的。查到的一些原因包括战斗机驾驶舱仪表的位置设计不当、飞行员误读仪表和误操作控制器。例如两种功能相反的控制器,形状和标示相似,位置又太接近,致使飞行员在紧急情况下不能迅速做出正确的判断。还有控制器操作步骤复杂、不灵活,以及形状和尺寸不符合人体生理形态和尺寸,导致战斗中的命中率低下。这些问题使得人们意识到,一味追求飞机技术性能,而不能与飞行员生理机能匹配,那么必然不能发挥飞机的预期设计效能,而且人的机能有限,并不是可以通过训练而一再突破的。

针对这些问题,一些国家聘请生理医学专家和心理学家来参与飞机的设计。驾驶舱仪表数量不变,改进它们的尺寸、刻度、标记、色彩、布局等,使之符合人的视觉特性,结果使认读速度和准确性获得了提高;控制器数量不变,改进它们的尺寸、形状、操作方式、操作力、布局等,使之符合人的生理和运动特性,结果使操作速度和准确性获得了提高。这些方法没有增加太多的经费投入,却事半功倍地得到了显著效果。

正反两方面的经验和教训使人们认识到,只有当机器符合人的特性和限度时,才能发挥出高效能,机器的设计要符合人的因素。

4. 航空人为因素在二战后的研究

二战结束以后,航空领域的人为因素研究集中在驾驶舱仪表布局以及其他一些问题上。例如,飞行仪表使用"T"字形布局准则,该准则要求驾驶舱的空速指示、高度指示、姿态指示等主要仪表排列布局成字母"T"的样式;自动驾驶仪日趋复杂,使飞行员更易于操作;发展用于导航和通信的高频电台;加强模拟驾驶在飞行训练中的应用;玻璃驾驶舱的出现等。

增压座舱和喷气式发动机的使用标志着重大工程的进展,它们的工作原理要求飞行员有很好的理解。随着航空业的不断发展,伴随出现的生理问题也得到了较好的认识和控制,这些生理问题包括增压座舱对空气质量、温湿度、氧气等的需求,跨时区飞行以及长短程飞行排班不合理导致的机组疲劳问题,地基激光对机组和乘客的影响等。

5. 航空人为因素在近代的研究

航空人为因素在近代研究中越来越重视人的行为和表现,飞行员认知、决策、团队合作逐渐受到重视,驾驶舱布局、显控装置的适用性等在设计中得到重点考虑,包括社会文化对操控影响的生理学和心理学领域问题也考虑得更多。

人为因素在航空领域越来越受重视,一个主要原因是事故统计显示,大多数飞行事故是人为因素造成的,或者至少与人为因素有关。为了解决航空领域人为因素造成大量飞行事故这个紧迫问题,1975 年国际航空运输协会将人为因素列为 20 世纪技术会议主题。

6. 现代航空人为因素研究

航空人为因素在现代化技术的推动下出现了新的变化和挑战,包括商业客机从 3 人机组变成了 2 人机组,飞机和飞行环境更加复杂,操作和程序文件更多。相较以往的机械式工具,使用越来越广泛的电子工具的效果更佳。但是,电子工具也带来了一系列问题,例如地图、近地告警、空中防撞等系统的显示和操作问题,自由飞行概念和全球定位系统导航带来的问题等。

飞行员选拔、培训和复核工作越来越受重视,甚至包括飞行教员、航空公司工作人员、规章执行人员和相关机构人员的选拔和培训也受到了越来越多的关注。这主要是因为人们已经开始意识到社会环境对飞行安全的影响,承认社会环境在人为因素问题上起着不可小觑的作用,这也是人为因素研究方向的一个新变化。

1.4　飞行员工作负荷的定义

飞行员工作负荷是航空人为因素研究的一项重要组成内容,是影响飞行员工作表现的重要因素。若工作负荷过低,则会令人产生厌倦和自满情绪,变得漫不经心和/或无聊;若工作负荷过高,则往往会导致遗漏重要信息、出现差错或削减任务以试图降低工作负荷。为了使飞行员保持及时和有效执行任务的能力,适宜的工作负荷极为重要。工作负荷是理解飞行员工作表现,进而理解航空系统安全高效运行的核心,对飞行安全非常重要。

工作负荷可以描述为一种内在现象,倘若太高,则令操作者遭遇困难,感到无所适从或焦虑担心。工作负荷也可以描述为一种外在现象,即产出量。在字典中可以见到这样的非专业定义,分别是"给定时间内某位或某组工作者完成的工作总量"和"由某位工作者或某岗位承担或被分配的工作总量"。这两个定义都不是特别适用于飞行操作。一些研究者对工作负荷也做出了解释,例如"工作负荷是由一些特定的操作者和不同的指定任务组合而造成的""工作负荷包含三方面:工作的多少、所耗费的时间和操作者的主观心理体验"等。

美国航空航宇局将工作负荷定义为"操作者为取得特定水平工作表现而付出的代价"。此定义更接近航空运营中工作负荷的概念。一些研究者对飞行员工作负荷进行了各种定义,例如"飞行员工作负荷为飞行员完成特定飞行任务所需付出的努力"及"飞行员工作负荷为用于满足指定飞行任务所付出的心理以及生理上的努力"等。

根据咨询通告 AC25.1523/AC23.1523
《最小飞行机组》,工作负荷描述的是个体能力与特定任务(脑力的和/或体力的)之间的关系,以及该任务工作表现所关联的系统级别和情境需求。操作者可用资源数量与任务需求资源数量之间的差异是工作负荷的基本理念(见图1-7)。对人力资源(能力)需求大的任务被认为是高负荷任务;相反,对人力资源(能力)需求小的任务被认为是低负荷任务。

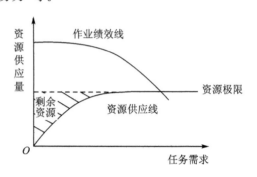

图1-7 资源数量差异

图1-8所示是飞行各阶段飞行员工作能力和工作负荷的曲线。图中的曲线①表示飞行员工作能力,这与训练、身体状况、飞行时间、疲劳等都有关系;曲线②表示飞行各阶段的工作负荷量;两条曲线之间表示飞行员过剩的能力,或安全裕度。工作负荷曲线显示,起飞、下降和着陆阶段工作负荷最高;飞行员工作能力曲线显示,随着飞行时间的延续,飞行员能力逐渐下降,在进近着陆阶段飞行员过剩能力最小,如果此时飞机出现故障或其他意外情况,两条曲线就会相交,即飞行员工作负荷过载,这也正是该阶段飞行事故最频繁的原因。训练、身体状况、

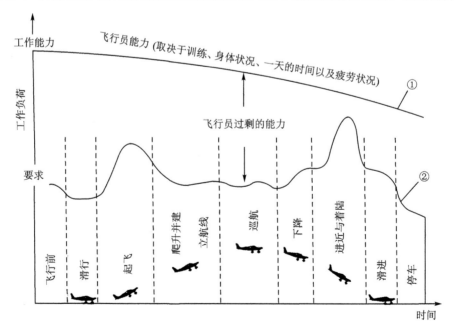

图1-8 飞行员能力与工作负荷

疲劳等多种原因都能使飞行员工作能力曲线发生改变,从而引起工作负荷量的不同。图 1 - 9 所示是波音公司统计的 2006—2015 年之间各飞行阶段的致命事故和机上人员死亡数量,可以看到,与其他飞行阶段相比,进近和着陆阶段发生的事故数量和死亡人数比重最大。

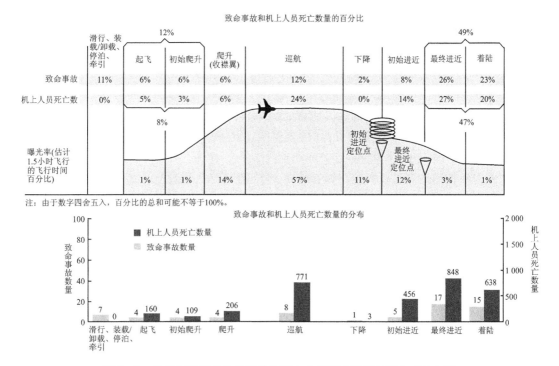

图 1 - 9　各飞行阶段的致命事故和机上人员死亡数量(2006—2015 年)

工作负荷和工作表现之间的关系通常遵循倒 U 曲线,如果工作负荷过低或过高,那么工作表现都会变差。过低的工作负荷水平经常出现在自动化系统中。通常自动装置的设计目的在于减轻工作负荷,在自动化系统中,操作者很大程度上是作为一个自动化过程的监视者。若自动化使飞行员的工作负荷降至最佳工作负荷以下,那么他们就会产生厌倦和自满情绪,变得漫不经心和/或无聊,这种状态一般被认为任务负荷不足。一个研究热点为确定合适的自动化水平或标准,使采用的自动化水平适合飞行状态及其他工作状态。机械地认为只要工作负荷降低即为好,或者只要工作负荷增加即为差,是一种过度简单化的错误行为。工作负荷不适宜的另一极端是工作负荷过高,这往往导致飞行员遗漏重要信息、执行任务失败、出现差错或削减任务以试图降低工作负荷。系统设计人员的一个关键目标是找到中间地带,使飞行员充分参与任务过程以保持警惕,同时,飞行员参与系统运行的程度也不要负荷太大,否则将导致没有能力去及时和有效地执行所有必要任务。

1.5　有关工作负荷的几个问题

1.5.1　体力负荷与脑力负荷

根据工作性质的不同,工作负荷可分为体力负荷(Physical Workload)和脑力负荷(Mental Workload)两大类。

体力负荷也称为生理负荷,是单位时间内个体的体力活动量,表现为静态或动态肌肉工作负荷。脑力负荷也称为心理负荷、认知负荷或精神负荷,是与体力负荷对应的概念。因脑力负荷的相对复杂性,研究者做了大量探索,从不同角度给出了多个定义。例如:

- "被试者在控制管理时所耗费的脑力"(Curry&Jex,1979);
- "脑力是一个心理概念,一个潜在的变量,或者称为反映了任务施加给被试者的脑力要求的交互作用的'中间变量'","在工作绩效满足性能需要的前提下,在任何给定的可用时间内,信息处理系统的能力"(Gopher&Donchin,1986);
- "人在工作中的心理压力,或信息处理能力"(Huey&Wickens,1993);
- "任务需要的个人被限制的脑力能力的一部分"(O'Donnel&Eggemeier,1986);
- "在使用同样的处理信息的资源时,依据执行额外任务时能力的减少所确定的执行任务的代价"(Kramer&Sirevaag,1987);
- "脑力负荷不是飞行员大脑的固有性质,它只在飞行员驾驶测试要求下,在执行的情况中,在技能、习惯认知互动中出现"(Hart&Staveland,1988);
- "做出反应的相关能力,其重点在于预测被试者未来能达到何种程度"(Lysaght&Hill,1989);
- "被试者的部分信息处理能力,或为达到系统要求而真正需要的资源量"(Eggemeier&Wilson,1991);
- "脑力负荷通常与信息处理任务相联系,但是任何包含思维过程的人类活动都是脑力负荷"(Nachreiner,1995);
- "脑力劳动的平均值"(Colle&Reid,1999);
- 脑力负荷是涉及任务要求、时间压力、操作者能力、努力程度、行为表现等多种因素的一个多维概念(O'Donnell,1986);
- 脑力负荷不仅与任务有关,而且与个体也有关,包括个体能力、动机、策略、情绪、状态等均可影响脑力负荷(Kramer,1987);
- 脑力负荷是执行特定任务时使用的信息处理资源与总资源的差异(Eggemeier,1991)。

　　这30年对脑力负荷的研究和定义,可将脑力负荷的定义归纳为与能力、经验、时间相关的三类定义。脑力负荷与人的脑力资源、能力等密切相关,大多数定义描述脑力负荷是操作任务所占用、需要的操作者的脑力、能力。有研究者认为,脑力负荷是伴随人的思维活动而不是外界任务一直产生的,也有研究者认为脑力负荷就是脑力劳动的平均值。

　　需要指出的是,飞行员执行飞行任务过程中,是同时负载着体力负荷和脑力负荷的。例如,随着一天的飞行,肢体疲劳令飞行员体力负荷越来越大,疲劳也令飞行员反应能力下降,使得脑力负荷也变大了;起飞和降落阶段相对繁多的操作项目,使得飞行员脑力负荷比其他飞行阶段更大;若飞机人机界面设计不合理,不仅会令飞行员体力负荷加大,而且飞行员脑力负荷也可能非常大。因此,体力负荷和脑力负荷之间是相互影响的,在既有体力负荷也有脑力负荷的情况下,常常无法明确区分两者对总工作负荷的贡献量。在民航适航规章对飞行员工作负荷的定义中,没有对脑力负荷和体力负荷做出分割。在本书下文中,若无特别说明,则飞行员工作负荷均包含体力负荷和脑力负荷。

　　工作负荷问题存在于任何由人执行的任务之中,适宜的工作负荷对工作者保持优良的工作表现、优化人机功能分配和人机界面设计都具有重要意义。在工作负荷概念发展的历史过

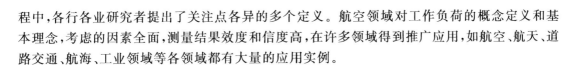

程中,各行各业研究者提出了关注点各异的多个定义。航空领域对工作负荷的概念定义和基本理念,考虑的因素全面,测量结果效度和信度高,在许多领域得到推广应用,如航空、航天、道路交通、航海、工业领域等各领域都有大量的应用实例。

1.5.2　工作负荷与工作表现

Lysaght 等人(1989)以一个驾驶汽车的常见任务为例来说明工作表现随着工作负荷的变化而呈现不同的变化,也说明了工作负荷和工作表现是两个不同的概念(Lysaght,1989)。飞行员在驾驶飞机过程中的情况与此相似。

① 你是一位重要人物,省交通局对其他车辆关闭了省际公路。这一天晴空万里,天气宜人,你以最高限速驶出了高速公路。驾驶非常轻松。

② 你驶入了第二个省,这里未把你看待为重要人物,现在路上遇到了一些其他车辆,情况还可以。

③ 你驾驶了一段时间,开始接近一个大城市的市区,车辆在增加。

④ 这是周五下午,每个人都想在拥堵高峰到来之前回到家里,交通开始变得拥堵,车速也慢了下来。

⑤ 你早上很早出门,忘记停下来吃午餐,现在又饿又累。

⑥ 车辆行进缓慢。你忘记午餐的同时,也忘记给车加油,必须找出口出去并找到一个加油站。

⑦ 车辆行进缓慢的同时,天气又变差了,现在下起雨来。

⑧ 天变黑了,能见度很差。公路边的标志不清,你得非常仔细以免错过出口。

⑨ 更糟的是,前面车辆的刹车指示灯坏了,你必须特别注意这辆走走停停的车,眼睛得时刻盯着它。

⑩ 已经走了几公里,天完全黑了,温度也降了下来,路上开始结冰,很多车子滑出了公路造成车辆相撞事故。汽油越来越少。

⑪ 一直在后座睡觉的两岁儿子醒了,他又饿又害怕,开始不停地哭。

⑫ 另外,发动机听起来要熄火,而你清楚地知道此时汽油还未用光。你关小了收音机,同时设法让孩子安静下来。

⑬ 你快要失去理智了,尽管你的工作表现仍可接受,但安全裕度已明显降低。

Lysaght 等人(1989)的下一个例子生动描述了适当工具和程序对既定任务的重要性,说明了脑力负荷对人工作表现的影响。任务是这样的:

● 背诵英文字母表;

● 从 1 数到 26;

● 二者同时进行,将英文字母和数字穿插,A1、B2 以此类推,并说出答案。

这项任务很难,大多数人难以通过 H8。但是,如果你可以使用一张纸和一支笔,在念出答案之前可以先把答案写下来,此时任务就变得相对简单了。纸和笔极大地减轻了短期记忆重担。这很好地说明了认知工作负荷下的工作表现。重点是,同一任务相对难易程度取决于我们如何来做。同一任务,当不用纸和笔时,工作负荷较大,表现不好,此时的工作表现不能接受;当使用纸和笔时,工作负荷降低,工作表现完全可接受。二者的区别在于所使用的工具和程序。

1.5.3　工作负荷影响因素

工作负荷与很多因素有关,有很多因素是难以量化的。在航空运行中,工作负荷的影响因

素包括飞行任务、个体能力、设备和飞行环境等。

　　飞行任务对工作负荷的影响,体现在任务困难程度、工作强度和时间压力等方面。显然,对同一操作者而言,难易程度不同的任务,如有侧风和无风条件下的降落,二者工作负荷是不同的;同样,需要连续几个小时才能完成的任务,和只需短时间完成的任务,二者由于工作强度不同,工作负荷是不同的;同样多的任务,是要求在半小时内完成,还是在几分钟内完成,二者的时间压力不同也会造成工作负荷的差异。

　　培训、经验和实践会影响工作负荷。个人能力可能是先天形成的,也可以是后天训练形成的。完成同样一项给定任务,受过良好培训的人可以很容易地完成,而培训不足的人则困难得多。同样的任务,拥有相关经验的人要比新手完成得容易。基本能力是另一个影响因素。面对同样的任务,一些人得心应手,而另一些人举步维艰。个体获得特定技能的能力差异很大,很难确定这些差异的原因是本身能力、经验,还是更好的培训。很多时候这些差异是由以上多种因素共同造成的。各国飞行员在体格、经验、培训以及文化背景等方面存在巨大的差异,所有这些差异均会影响飞行员经受的工作负荷。

　　内部和外部环境、飞行状态操作要求、自动化等也同样是影响工作负荷的因素。自动化对工作负荷的影响,除了自动化水平的高低之外,还体现在对自动装置的“信任”方面。给予自动装置多大的“信任”程度,不同的人理解不同,给出的信任程度也因人而异。信任程度是与工作负荷量相关的,因为若飞行员认为自动装置不够可靠,他的工作负荷将会增加。人或者自动化装置都不可能一直保持百分之百完美的运行状态。对那些可靠性高的自动化系统,飞行员会麻痹大意,过于信任;而对于那些可靠性略显欠缺的自动化系统,飞行员可能会过度挑剔,并且不信任,尽管这些有欠缺的自动化系统运行水平至少不低于手工操作水平,但飞行员往往还是选择不用它们。

　　计划不周、生理节奏、劳累过度以及睡眠不足等因素都会导致工作表现的下降,这些因素同样会影响工作负荷。工作负荷会随实际操作时不同个人和条件而有所差别。例如,由充分休息的机组在一个阳光明媚的下午执行给定飞行任务,与长时间多次起降和经停飞行后的机组在一个黑暗暴风雨夜凌晨两点执行相同任务,工作负荷肯定有很大的不同。

　　不能孤立地研究某任务或界面的工作负荷,而是需要放入使用情境,选用合适的操作者,完成操作,才能评估出工作负荷。飞行员工作负荷的影响因素主要分为4方面(见图1-10):飞行任务、飞行环境、驾驶舱人机界面、个体因素。其中,飞行任务包括飞行状态(正常、非正常)、时间压力、飞行任务的重要性、飞行任务的熟练程度、飞行阶段;飞行环境包括天气(晴天、雷雨天)、时间(白天、夜晚)、地形环境、机场环境、飞机类型(真机、模拟);驾驶舱人机界面包括界面设计的视觉整洁性、界面设计的操作逻辑合理性、显示界面的可读性程度、操作界面的可操作性;个体因素包括性格、心情(当时)、疲劳、飞行时间(总)。

1.5.4　工作负荷研究方法

　　飞行员工作负荷受到多种因素的影响,许多因素具有非线性、随机性、时变性等特点而难以量化,往往需要综合多学科知识加以研究,研究者亦从各种不同的角度提出了多种评估方法。如果从工作负荷与任务执行者的关系来看,工作负荷可认为由功能上相互关联的3部分组成,即输入负荷、操作者努力和工作绩效。基于输入负荷而进行的评估方法指的是基于人机界面和操作任务进行工作负荷预测分析方法;基于操作者努力而进行的工作负荷评估方法指

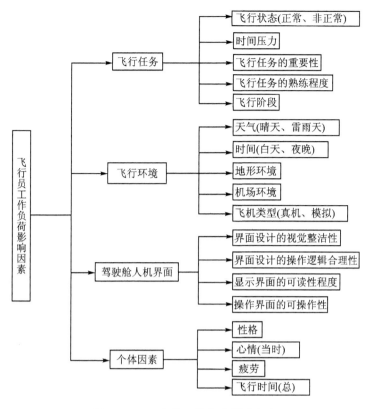

图 1-10 飞行员工作负荷影响因素

的是应用于操作者身上的测量,如主观评价法和生理测量法;基于工作绩效即操作结果而进行的工作负荷评估指的是主要任务测量法和辅助任务测量法。这些方法是目前飞行员工作负荷评估的代表性方法。

参考文献

[1] Boeing. Statistical Summary of Commercial Jet Airplane Accidents Worldwide Operations 1959—2015,2016.

[2] ICAO. ICAO Safety Report 2018,2019,2020.

[3] Lysaght R J, Hill S G, Dick A O, et al. Operator workload: comprehensive review and evaluation of operator workload methodologies (ARI). Army Research Institute for the Behavioural and Social Sciences,1989:262.

[4] NTSB (National Transportation Safety Board). Annual review of aircraft accident data: US air carrier operations,http://www. ntsb. gov/Publictn/A_stat. htm,2006.

[5] WHO (世界卫生组织). 道路安全全球现状报告,2015.

第 2 章　基于人机界面和任务的
工作负荷评估方法

在人机系统设计的早期,工作负荷的预测和建模比工作负荷的测量要重要得多。工作负荷预测就是采用将工作负荷评估结果应用于早期的设计诊断工作,为设计中的人机界面设计提供指导。本研究主要是介绍基于人机界面和任务的工作负荷评估方法的现状、任务的基本理论,并对成熟的方法进行详细介绍。

2.1　方法研究现状

从时间发展上来看,出现最早的对工作负荷的分析方法是在 20 世纪 50 年代末,从波音 B737 开始,飞机上开始使用电子计算机显示和控制系统后,波音公司主要采用工作任务的时间分析来预测评价飞行机组人员的工作负荷。在 DC‐9 飞机的设计和使用中,波音公司的工程技术人员就是应用这个模型提供的方法,对由两个驾驶员驾驶这种飞机的工作负荷是否过高进行了评价,并取得了很好的效果。而这种成功也促使越来越多的工作负荷分析模型出现。

Siegel 和 Wolf 在基于任务预测的模型中,提出的一个最基本的假定是对人还剩有多少时间可以用来完成任务进行判断,这个判断的结果就是时间压力。时间压力影响到操作人员的操作速度。基于此,他们建立了时间压力模型来对工作负荷进行预测。其主要应用于飞机航母着陆、发射导弹、空中加油、空中拦截等任务中。Siegel 和 Wolf 的时间压力模型对以后的研究产生了很大的影响。虽然他们的模型的主要目的是预测人能否完成他被赋予的使命,但由于时间压力是能否完成任务的一个关键因素,而时间压力与脑力负荷已非常接近,所以其被认为是脑力负荷预测的一个奠基性研究。

由英国国防部出资并由 Yard 公司进行开发的应用于指挥系统中操作者工作负荷的预测方法(Simulation to Predict Operator Workload,SPOW。本章中此类缩写均沿用国外研究人员的缩写方法,后同)是采用任务分析的方法进行工作负荷的预测,将任务分解到任务单元,然后确定任务单元的操作时间,最终通过时间压力来预测操作者的工作负荷。

以上方法模型只是通过时间分析来预测,并没有考虑任务本身的负荷值。随着时间的发展,在 20 世纪 80 年代,对工作负荷的预测模型不断发展,大量的工作负荷分析预测模型被开发出来,开始为各国军方所应用。其中,Ardrich 等人开发了一个工作负荷预测方法,是为了解决军方开发新型武器系统中对人的工作负荷的分析预测需求。Ardrich 等人认为,由于任务是由人的动作来完成的,在确定了完成任务需要的时间后,实际上也就确定了人的动作和所需要的时间,这样就可以确定人的各个部位被占用的情况,并且他们用这种方法比较了直升飞机上只有一个操作人员和有两个操作人员时的脑力负荷。而之后美国陆军研究所又在这个方法的基础上开发了任务分析/工作负荷方法(Task Analysis/Workload,TAWL)、VACP 方法、数据单元工作负荷分析(Data Elements for Workload Analysis of Armored Vehicle Crews,AVTAWL),其中 VACP 是 TAWL 的一个裁剪版,AVTAWL 是 TAWL 方法的延伸。所有这些方法都是基于 VACP 模型的任务分析方法,方法中需要首先将任务分解为一系列的单元任务,并获得单元任务的负荷值。单元任务负荷的评价是通过 0～7 分的评价量表从 4 个方面进行评价(视觉、听觉、认知、操作),最后操作者执行任务的工作负荷由单元任务综合计算得到的。但这些模型同时在综合计算时,得到的是视觉(需要辅助)、视觉(不需要辅助)、听觉、运动、认知、心理方面每个操作任务模块下各自的负荷值。TAWL 最初被定义用于预测改进的军用特殊操作对直升机操作负荷的影响,如今这种系统已经被用于预测改进的 UH‐60A 直升机的飞行机组人员工作负荷,并针对 AH‐64A 攻击任务各个状态下的飞行机组人员工作负荷进行了预测分析。

Honeywell 公司 North 建立的 W/INDEX 是一个计算模块化用于预测操作者工作负荷的工具,用于预测具有代表性作战任务场景下的飞行机组人员工作负荷,该模型包括时间线分析、任务矩阵、冲突矩阵模块。美国军方与航空航天局联合开发的人机交互设计和分析系统‐任务负荷模型(Man‐Machine Integration Designand Analysis System‐Task Loading Model,MIDAS‐TLM)用来预测飞行机组人员在不同类型的座舱中进行操作时的视觉、听觉、认知和操作负荷。该模型包含任务分类、任务单元需求、冲突任务需求模块。该模型是为帮助飞机座舱人机界面的设计而开发的人因计算机辅助工程系统,能够在飞机设计阶段为设计人员提供参考。

美国陆军实验室,在 Wickens 的多资源模型理论以及 McCracken 和 Ardrich 创建的预测模型基础上(负荷值为 0～7 分),开发了 IMPRINT 模型用于预测评估分析装甲车辆驾驶员工作负荷,并开发了任务网络模型平台用于该模型的数字呈现以及模拟计算。IMPRINT 模型以 Wickens 的多资源模型理论为基础,从视觉、听觉、认知、语言、操作等通道进行负荷评估,并采用 VACP 模型的 0～7 分进行通道负荷值的评估,模型的计算中心采用 W/INDEX 模型的负荷计算公式。

基于任务的工作负荷分析预测模型,多个分析预测模型在研究思路和形式上都相似,以 Wickens 的多资源模型理论为基础,分不同的通道负荷进行评估,不同通道负荷值的评价方法均是采用 0～7 分的专家评价法,最后的综合计算公式有所不同。

2.2　方法介绍

2.2.1　任务分析工作负荷预测模型

任务分析工作负荷是 20 世纪 80 年代开发的一种通过任务分析来预测军机飞行员工作负荷的方法。该方法基于人机界面系统,首先设计任务场景;并依次将任务分解到阶段、片段、功能和操作任务;确定每个操作任务对应的机组成员;确定每个操作任务对应的人机界面子系统;评估每个操作任务的操作时间及在无辅助视觉(裸视)、辅助视觉(夜视镜)、听觉、认知、精神活动、肌肉运动 6 个方面的负荷值;建立任务时间线;并计算每 0.5 s 时间内无辅助视觉(裸视)、辅助视觉(夜视镜)、听觉、认知、精神活动、肌肉运动 6 个方面各自的总负荷值,将这 6 个方面各自的负荷值作为工作负荷预测的最终结果。

(1)背　景

Anacapa 科学公司和美国行为与社会科学研究所(ARI),开发了一种通过系统任务分析信息来预测驾驶员工作负荷的方法——**任务分析工作负荷预测模型**（Task Analysis/Work-Load（TAWL）Methodology）。这种方法源于对军用直升机（LHX）系统发展阶段的定义探索和定义阶段。该方法被用于分析 LHX 并对其中一个或两个机组的组成进行对比，同时用于解决操作者负荷和新技术利用之间的问题。

（2）方法概述

任务分析工作负荷预测模型是一个分析工具，能够分析操作任务并给出详细的工作负荷预测，其分析的对象系统最多可以包括 4 个操作者。该方法提供了一种应用于拥有先进技术的军机的负荷预测的系统方法。开发模型时使用的是假定条件（例如最熟练机组或最佳天气），使得军机不会给机组成员带来超负荷需求。可以对军机进行预测并完成以下分析：可以分析机组是否能在无超负荷条件下执行军机的任务；可以分别分析驾驶员与副驾驶员/攻击手的负荷并比较其高低；分析驾驶员和副驾驶员负荷的相关性问题，得到导致其相关性增减的原因和处理方式。

（3）方法步骤

工作负荷任务分析法（TAWL）将工作负荷的预测模型建立分为如下 3 个阶段：

在 TAWL 方法的第一个阶段，分析者对系统进行任务/工作负荷的分析，为系统开发一个标准样本任务，并逐步把这个样本任务分解为阶段、片段、功能和操作任务。这个分析结果需要对任务的持续时间、任务顺序和机组成员、每个操作任务对应的子系统进行描述。脑力负荷分析基于人的注意力的多资源理论，分析每个任务，评估出对每个操作任务认知的、心理意识的、感知的工作负荷单元（WorkLoad Component）。该理论和其他多资源注意力理论的区别在于它的工作负荷单元是明确的。作为 TAWL 的基础理论，这个多资源注意力理论包括 5 个独立的单元：听觉、运动、视觉、认知和心理。TAWL 处理工作负荷的每一个单元都是独立的，原因有二：其一，工作负荷单元两两之间可能存在相互影响，但这种影响在这个时候还不能够被充分地定义；其二，独立处理工作负荷单元所获取的信息，对于寻找降低工作负荷的有效方法或在成员之间、子系统或者模块之间重新分配工作负荷是有帮助的。例如，设计人员可以根据哪个工作负荷单元的工作负荷最少来决定是否需要对设计中的视觉单元或者听觉单元增加额外的信息。工作负荷分析基于操作者对工作负荷的主观性评估，而不是基于实验结果的评估。研究分析者和专家（Subject Matter Expert，SME）通过使用评价值评价负荷，以及商定的评价量表来评估工作负荷。量表的评价值为 0～7。该方法不仅能够避免花费大量的时间、精力以及人力资源，同时也避免了对每个操作任务进行实验测量所需要的额外花费。

在 TAWL 方法的第二个阶段，分析者在任务的每个片段，重组操作任务来模拟机组成员的行为动作以开发每个成员的模型。功能决定规则描述了每个功能里的操作任务序列，任务片段决定规则描述了开始时间、停止时间和任务片段之间的交互。上述内容的基本假设是：对于大的任务或者具体的操作任务，任务片段可以结合起来，对操作成员的行为进行建模。

在 TAWL 方法的第三个阶段，分析者使用模型来模拟成员在系统操作中的活动。TOSS 计算机软件进行过程模拟，每 0.5 s 得出关于每个任务下的每个成员在认知、心理、感觉方面的工作负荷的评估值。每 0.5 s，对于某个确定的操作者，所有操作任务的某个确定的负荷单元都有一个工作负荷值，将这些值求和，就能够得到这个操作者在某个特定时间步长的工作负荷评估值。例如，在某个确定的 0.5 s 的时间步长中，飞行员执行了下面的操作任务：控制高度，查看外部环境和无线电交流。在这个时间步长里，这 3 个任务的认知操作负荷分别是 1.0、

1.0 和 5.3。因此,在该特定步长里的工作负荷认知模块的估计值是 7.3。预先设定一个确定的过载阈值,这样就可以确定每个成员在任务下的过载时间。

2.2.2　人机交互设计和分析系统——任务负荷模型

（1）研究背景

在对驾驶舱的设计过程中,由于机组人员可以承担的角色是灵活多样的,并且可以快速地在系统设计中形成固定的角色,所以这种大型的、复杂的自动化系统的设计是最困难的。现代飞机驾驶舱自动化经常涉及多层次的控制和显示技术,驾驶员必须增强自身对设备的监督和全自动控制方式的操控能力。在此背景下,以人为中心的有效设计是建立在足够的人/系统模型之上的,并将设备、驾驶员和任务模型提供给设计者,从而对设计进行操作和优化。

针对这一情况,美国联合军、美国航空航天局飞行员/飞机集成（A3I）计划中便开发出人机交互设计和分析系统 MIDAS,以支持机组人员辅助系统的设计。

（2）方法概述

任务负荷预测是设计的一个重要方面,它是结构性能的实施和主观工作量评级,可以帮助发现设计缺陷。MIDAS 任务负荷模型是一个人类行为的计算机模型,是为支持机组人员辅助系统的设计而开发的人因计算机辅助工程系统,并能够在飞行器的概念设计上对工程师给予帮助。

（3）方法步骤

1）第一步——基本假设

MIDAS - TLM 模型存在如下基本假设：在人类处理信息的过程中,用一组广义性质的有限集描述飞行员在执行各种飞行任务时,其感官、认知、肌肉的结构（信息的符号表示）和过程（信息符号表示的处理）。这种描述用于削弱基于多资源理论（Multiple Resource Theory）中结构和理论的冲突。

2）第二步——模型准备

MIDAS - TLM 模型需要准备两个框架：一个任务分类与一个冲突矩阵。在第一个框架中,将对信息的结构和处理过程进行分类,感官、认知以及响应系统将会通过这些信息进行相应的选择和执行。这个框架将会以 4 维分类法的形式呈现,每一个维度都会包含一组元素,不同的元素将构成不同的结构和处理类别（见表 2 - 1）。

表 2 - 1　分类法的视觉、听觉、认知和响应分类

序　号	视　觉	听　觉	认　知	响　应
1	近	定向	直接	语言的
2	远	辨别	转换	立体的
3	扫视	信号	单选择	近
4	注视	语音	多选择	远
5	有用信号	有用信号	语言的	离散
6	无用信号	无用信号	立体的	连续
7	清晰的	时间	可分的	粗糙的

序 号	视 觉	听 觉	认 知	响 应
8	模糊的	空间的	整体的	精细的
9	静态		计划内	
10	动态		计划外	

从每个维度构成的分类属性选择一个活动。所选属性将会在一个维度(维度之间数据重用)被分配一个唯一的编号。编号范围是一维数字 $1 \sim n$ 增加,1 是分配给第一个成员的第一属性,n 等于分配给第二个成员的最后一对属性的排序序号。数字分配给每个活动表示为一个嵌套列表,即 4 个列表的列表。数字分配给一个活动的列表作为参数传递到 TLM 算法,数字索引任务需求价值观和价值观的冲突是算法计算负荷值在每个维度的每个活动或一组活动。该组集合定义了冲突矩阵中哪一个交互作用适用于该任务,其中的一组子集用于对任务进行分类。第二个框架是一个冲突矩阵,根据元素资源利用情况的对比来对它们的交互作用进行排序。根据资源对矩阵(见表 2 - 1)中的元素进行排序,冲突矩阵可以用来确定资源的利用和冲突总量。在 MIDAS - TLM 模型中,资源是内存的总量、注意力的需求总量或每一个元素处理信息所需时间的总量。一个维度中的所有元素都会被放入一个矩阵中(维度内矩阵),该矩阵表示了一个维度内的冲突,与之相对的是,处于其他矩阵(维度外矩阵)和维度中的元素则表示不同维度之间的冲突。

3) 第三步——模型算法

根据一个特定的算法,表征元素子集间交互作用的有序数值可以进行组合。这种算法衍生于两种基础算法:North 和 Riley 将任务需求进行集成得到一个量,Wickens 将任务需求值中的冲突参数进行集成,得到另一个量。MIDAS - TLM 模型将这两种算法进行延伸:对每一个维度中,由任务分类和冲突矩阵所产生的需求值进行积分,并得到一个量。这些维度包括:视觉、听觉、认知和响应。从每一个冲突矩阵中都可以提取元素中适当的子集值,这些值为每一个任务构成一组数组,在数组构建完成之后,维度内矩阵和维度间矩阵的量都会进行计算。为了确保这个算法在元素顺序上的数学合理性,我们做了以下 3 个假设:

① 在两对元素的排列顺序上存在着唯一的对应关系,且一组有 4 个值。两对交互作用间的值是相互独立的,且只对一组中的一个值进行该算法运算。

② 由于不存在唯一的对应关系,每个集合的值都将被叉乘,因此集合的值与其顺序无关。

③ 既然每个集合的值都是相互独立的,则这些值之间所有可能的组合都会被叉乘,以确保在这样一个算法中,任何一个值都会占有相同的权重。

2.2.3 指挥系统中操作者工作负荷预测模型

(1) 研究背景

操作人员体力和心理的工作负荷是体现人机系统设计可接受性的一项重要指标。其中,体力工作负荷是指操作人员生理上的紧张时间,与之相对应的是生理能力或耐久度。人们普遍认为,操作人员的工作负荷是一种会对人的可靠性产生主要影响的潜在因素:高强度的工作负荷会导致压力的产生,从而使得操作人员无法在规定时间内执行操作,并达到任务所要求的标准;反之,如果工作负荷太低,操作人员的可靠性也会因为无聊或者警惕性降低等因素而受到影响。

直到现在,关于工作负荷方面仍在使用操作人员在模拟器上的负荷评估技术,或者在发展后期所采用的对于设计原型使用情况的漫长评估方法,以及时间轴分析方法。这种现状可能会耗费极大的人力物力,而且,假设直到设计后期才能够发现问题,那么解决问题的代价无疑是极其高昂的。基于此,能在设计早期就指出工作负荷问题的相关技术,目前正变得可行。其中,两个关于工作负荷评估的研究案例的目的在于说明:在使用模拟电脑组件的情况下,工作负荷是如何在相对较早的时期被预测出来的。这个特别的应用着眼于海军指挥系统,也就是一个海军指挥组里只有单个操作人员(Yard 公司所开展的其他研究已经调查了一个指挥组中有多个操作人员的情况,以及组员之间的交流状况)的情况。日益复杂的海军指挥系统使得操作人员工作负荷超载的可能性大大增加,而且在海军行动中,军队执行能力的高低取决于海军指挥系统能否保持准确的战术图像,所以保证系统效率尤为重要。

(2)方法概述

建立指挥系统中操作者工作负荷预测具有以下目的:找到一个能够有效预测操作人员工作负荷的方法,从而使得所有必要的设计修正都能在早期完成;辅助训练并且能在设计早期确定操作要求,从而优化界面的最终设计;降低因为操作员无法承受的工作负荷而对系统的安全性、表现或者效率带来损害的风险;降低因为系统无法满足为迎合使用者所设立的标准的风险;提供一个可审查的系统,该系统的数据可以根据系统修正或者人为修正而改变。

这种预测方法包含 3 个阶段:任务分析;生成在规定时间内操作员完成任务的表现数据;计算机仿真。

(3)方法步骤

1)第一步——任务分析

对任务进行分析到一定的程度后便是对任务进行划分,也就是确定和用人机交互设备(Human - Computer Interaction Facility,HCI Facility)执行的每个操作有关的具体动作(在此指标准的控制台,例如一个视觉显示装置(Visual Display Unit,VDU)、键盘和跟踪球)。针对每个任务,分析确定启动任务的条件、后续任务、任务优先级和执行任务有关的人机交互操作、相关认知活动(如决策或者判断)。

2)第二步——生成数据

仿真输入完成不同类型子任务的所需时间,这些子任务将组成整个任务,因此,把这些输入联系在一起,并根据不同压力源来加以修正,其结果便能够用来预测整个任务的工作负荷。工作负荷预测的可靠性不仅取决于模型中所呈现的任务的准确性和全面性,还与完成模型任务所需的假定时间密切相关。

在该研究案例中,操作所需时间的预测在理论上是由目标、操作人员和选择对象的心智模式通过建模方法来进行的。GOMS 是一个基于计算机系统进行常规操作的方法,其所得结果可以作为预测执行时间的基准。

就分层任务分析而言,GOMS 使用处于目标层最底部、最基本的动作单元,把任务从总体水平划分为日益增多的、更加具体的子任务。如果已知每种代表性操作的时间,那么 GOMS 就可以预测总体任务的时间。

3) 第三步——计算机仿真

计算机仿真是由商用软件组件——微任务集成网络的系统分析(System Analysis of Integrated Networks of Task,Micro - SAINT,由 Micro Analysis and Design 公司 Laughery 等人于 1984 年开发)开发的。

Micro - SAINT 使用上述表现数据模拟了操作人员应对事件时的活动。这些事件包括来自外界的(如侦测到了一条新踪迹)、与指挥系统联系的(如与一条自动追踪失联)、由操作人员产生的(如减少显示杂波)。

2.2.4 多资源工作负荷计算模型

(1) 研究背景

多资源理论的起源能够追溯到当初人类信息处理研究中的"单通道的瓶颈"的概念,一个瓶颈限制执行两个高速任务有效或者可以单独进行的能力。这种观点在进行高速任务分析时非常突出,例如,在执行心理学家的实验室反应时间任务时,所要求的时间是非常有限的,而且必须是资源不能共享之间的任务。描述资源的概念是在一定程度上,任务之间是可以共享的,并非一个个无法共享、不可分割且容量有限的中央处理器。

(2) 方法概述

多资源工作负荷计算模型预测了干涉程度,这个干涉程度是指操作任务资源需求模块和多资源冲突模块。多资源工作负荷计算模型的概念和资源需求模块联系紧密,无论是在多资源模型还是单一资源模型中,操作任务的需求都是附加在人有限的脑力负荷之上的,从而会导致资源需求问题的出现。

(3) 方法步骤

1) 第一步——处理阶段

感知活动和认知活动所使用的资源虽然从表面上看是相同的,但是这些资源可以在功能上与这些基于响应选择和响应执行的操作上进行区分,这样区分依据是,任务的难度是不同的以及操作任务不会影响另一个并行任务的表现,这个并行任务在本质上对感知和认知的要求更强,或更弱,增加感知和认知难度并不会对需求主要是应答相关的并行任务的表现产生大的影响。

这个阶段的二分法得到了生理学的理论依据支持。由 Isreal 等(1980)做的一系列实验证明,由于 P300 的诱导不需要任何明显的应答,由一系列计调引起的脑诱发电位的 P300 成分的振幅大小被认为是反映的知觉和认知处理资源的投入多少。实验结果表明:P300 对追踪困难的响应相关的操作不敏感,但会受显示负载操作的影响。Shallice 等(1985)做了一系列包括语音识别(感知)和产出(应答)的任务,并检测了这些任务的双任务表现,并得出结论:基于这两个过程的资源在一定程度上是独立的。阶段二分法可以和不同的大脑结构联系在一起,这一点很重要。也就是说,语音和肌肉活动可能是由大脑额叶区域控制的(位于中央沟的前方),而感知和语言理解活动可能是由中央沟的后方控制的。

2) 第二步——处理编码

这个维度定义了模拟与空间的过程和分类与符号的过程之间的区别。多资源任务的研究数据表明,在空间或者编码过程中,无论是否在进行感知过程,内存储以及响应,均是独立的资源,而这种分离机制通常可以与大脑两半球联系在一起。

空间和语言资源的分离似乎解释了手和声音的响应在时间分配上的相对高效率,假设手动反应在本质上是空间的(跟踪、转向、操纵杆或鼠标移动),而声音响应通常是语言的(口语)。在这方面,调查研究表明,当离散任务采用声音而不是手动响应机制时,连续手动跟踪和离散的语言任务在时间分配上的效率更高。另外的研究也得出了一致结论:使用非跟踪手的离散手动反应中断了手动跟踪响应的连续性,而离散的声音响应可以保持这个连续性不变。

　　处理编码区别的一个重要的意义是能够预测什么时候利于使用语音和手动控制。在一些复杂背景下确认,手动控制可能会影响在需要占用空间内存储的任务环境中的表现,如在驾驶过程中;而语音控制可能会扰乱具有大量的语言需求任务的表现(或者被上述这些任务所扰乱,这取决于资源分配的策略)。因此,例如该模型预测的手动拨号手机的潜在危险,手动拨号会占用驾车人驾车时的视觉、空间和手动的需求,而与之相比,语音拨号则会有相当大的优势。编码的二分法也解释了在大量采用语言处理的典型的办公环境中,如果背景音乐有文字,则会对工作人员产生更大的扰乱。

2.2.5　时间压力模型

　　(1)研究背景

　　在 20 世纪 60 年代中期,计算机模拟已经开始应用到系统设计中,Siegel 和 Wolf 开发了一个以人为中心的人机计算机模拟。在这个计算机模拟中,人的负荷情况是影响人机系统效益的主要因素。Siegel 和 Wolf 模型的目的是在系统设计的初级阶段就帮助系统人员回答以下问题:

- 对于给定的机器和给定的操作程序,一个普通的、正常的操作人员能够在给定的时间内完成这项工作吗?
- 如果操作人员的工作速度变快或者变慢,给定的时间变短或者变长,操作人员完成这项工作的概率会发生多大的变化?
- 在操作人员执行这项任务时,他的压力是如何变化的? 他在什么时候感到负荷过大,什么时候感到负荷过轻?
- 操作人员的工作速度发生变化后,或者操作人员对压力的耐受力发生改变后,操作人员失败的可能性将发生怎样的变化?

　　(2)方法概述

　　在开发这个计算机模型时,他们首先用工作分析法把工作任务分解成次级任务,给出各个次级任务之间的相互顺序及影响关系,各个次级任务的重要性,执行各项任务所需要的时间(随机分布的时间),完成每项次级任务成功的概率,当第一次无法完成这个次级任务时可采取的措施等。通过工作分析,将上述相关情况了解清楚,然后输入到计算机中。各个次级任务根据工作顺序和概率连接起来,给出不同的随机数值,就可以模拟人的行为,计算机可以自动地把一些有用的信息记录下来。在这个模拟中,一个最基本的假定是操作者对还剩余多少时间可以用来完成任务的判断。这个判断的结果就是时间压力。时间压力会影响操作人员的操作速度。Siegel 和 Wolf 认为,时间压力可以被定量地描述,他们把时间压力定义为完成任务所需要的时间与给定的完成任务之比,即

$$TP = T_D / T_A$$

式中:TP 是时间压力;T_D 是完成任务需要的时间;T_A 是给出的完成任务的时间。例如,要

飞行员工作负荷

求某一操作人员在 5 min 内完成 A 和 B 两项操作,而操作 A 需要 4 min,操作 B 需要 2 min,则在完成操作 A 和 B 之前,操作人员的时间压力为 6/5=1.2。

2.2.6 波音公司工作负荷预测方法

(1)研究背景

自波音 737 始,飞机上开始使用电子计算机显示和控制系统,评价飞行系统给人带来的脑力负荷就成为一个非常现实的问题。波音公司的研究和设计人员最初也用了许多不同的脑力负荷的测量方法,如主观评价法、生理测量法、时间序列分析法等。经过实践他们发现,时间序列分析法在预测脑力负荷时特别有用,所以波音公司后来就主要采用工作任务的时间分析法来评价脑力负荷。该方法与传统的泰勒和吉尔布雷思的时间及动作研究颇为相似。波音公司在这一方面的研究自 20 世纪 50 年代末就已经开始了。

(2)方法概述

波音公司的研究人员 Hickey 首先提出了用时间研究的方法分析人的业绩的可能性问题。接着 Stern 等人把这种方法扩展到用操作人员的能力和剩余的能力来估算人的负荷比例。他们在进行脑力负荷的估计时,也会综合考虑同时执行两项以上的任务以及体力方面的影响。他们随机设定一个数值,将 80% 作为脑力负荷的上限,使得操作人员能够有剩余的能力(时间),这些剩余能力可以用于检查自身错误等。该方法产生的结果令人较为满意。在与上述研究人员同时进行的研究中,波音公司的 Smith 提出用时间占有率作为负荷比例。时间占有率是完成任务所需要的时间与给出的完成任务时间之比。为了避免时间过长所产生的平均效应,给定的时间被分成许多很短的时段(即 6~10 s),允许操作人员的某些部位同时工作,例如左手和右手可以同时工作,眼睛运动时人也可以作出反应等。Smith 在完善他的模型的同时,又考虑了认知性的任务。在模拟飞行和飞行录像中,他发现在驾驶员的眼睛移动之后的一段时间内,驾驶员并没有出现肉眼可见的明显反应,但是,依据随后的行动可以判断在这段没有行动的时间内,驾驶员正在进行思考与决策。Smith 也对这一反应过程大约需要多长时间给出了一个大致范围。当根据时间计算出的负荷比例达到 80% 以上时,驾驶员将开始忽略比较次要的工作。Smith 的这一结论与另外一组研究人员所得出的结论不谋而合。

2.2.7 其他方法

(1)GOMS

基于操作者目标的方法选择规则模型(GOMS)是一种人机交互中专业观察人类的信息处理模型。该模型由斯图尔特卡、托马斯 P. 莫兰和艾伦纽厄尔于 1983 年进行开发,他们在书中对人机交互的心理学进行了解释。他们通过诸多步骤,对 GOMS 模型进行了可用性分析,GOMS 是一个涉及人机任务的认知技能理论。它是基于一个信息处理框架,假定一个不同阶段的数目或类型的内存(例如感觉记忆、工作记忆、长期记忆)与单独的感性、肌肉运动和认知处理。该模型是为所有认知活动的解释寻找一个问题的空间,也是全球定位系统的基本前提和纽维尔腾飞理论的基础。

GOMS 降低了计算机的基本操作(这些操作可以是物理的、认知或者知觉)用户的交互。使用这些基本动作作为一个框架和界面进行研究。有几种不同的 GOMS 变化存在于允许界面的不同方面,便于更加准确地进行研究和预测。

（2）任务网络模型

任务网络模型是一种用于研究系统中操作者绩效的方法。它首先将操作和流程分解为系列的子任务,操作任务之间的关系用任务网络模型中连接它们的网络来描述。网络的每一个节点代表分离的子任务,并附有一些分析使用的参数。节点参数包括绩效时间、占用的资源或者潜在的错误。网络结构定义了操作者操作子任务的顺序,使用枝权路线来表明选择与决策。圆圈用来表示重复或错误的结果,或者代表环境条件的影响。操作任务网络模型能够进行深入分析,对人的绩效可靠性进行量化,并可以在系统设计初期使用,在系统设计初期测量人的操作绩效是不可能也不实际的。

操作任务网络模型不是为了工作负荷评估而专门设计的。输出的结果只是完成任务的所需时间和完成任务的任务序列。

2.3　应用示例

本节以任务分析工作负荷预测模型（TAWL）的应用为例介绍工作负荷预测的使用。

2.3.1　对象选择——AH-64A

ARI 和 Anacap Sciceses 研究人员就曾总结了用于 AH-64A 攻击使命整个阶段的任务/工作负荷的综合分析。复合使命场景是由假定的最佳飞行条件下的 5 个任务剖面组成的。在场景中,驾驶员最初的功能就是开飞机,副驾驶员最初的任务是获取和攻击目标。巡逻队和团队领导的功能不由机组执行。在分析中,7 个任务阶段被验证和划分为 52 个不一样的任务片段。片段被进一步划分为 159 个不一样的功能,及执行任务时的 688 个不一样的操作任务。子系统、机组人员和每个任务的时间被记录。AH-64A 的分析结果在 Szabo 和 Bierbaum 的技术报告中有描述。

2.3.2　AH-64A 任务分解

AH-64A 描述的任务场景被分解成 7 个任务阶段,7 个任务阶段紧接着被分解成任务片段,50 个两两不一样的片段（例如区别于其他片段的片段）被验证并分配给不一样的数字标识符,发现 5 个片段在任务中出现的次数不止一次。以下是 7 个任务阶段及其被验证的片段标识符的数量:

- 阶段 1:起飞前——6 个片段。
- 阶段 2:离开——2 个片段。
- 阶段 3:飞行中——8 个片段。
- 阶段 4:目标维持——34 个片段。
- 阶段 5:FARP 操作——4 个片段。
- 阶段 6:终止操作——2 个片段。
- 阶段 7:飞行后——2 个片段。

组成 7 个任务阶段的特定任务片段。任务片段的分析结果验证了 184 个不一样的功能。184 个功能中的每一个都被分配了 1～191 的数字标识符（在修正模型中有 7 个功能标识符未被使用）。组成一个片段的功能数范围是 3～25。

184 个功能分析结果验证了 698 个不一样的操作任务。组成每个功能的操作任务数范围是 1～39。698 个不一样的操作任务被分配了 1～708 的数字标识符（在修正模型中有 10 个任务标识符未被使用）。

AH－64A 使命任务的 7 个主要类别共 36 个子系统被验证。表 2－2 列出了这些子系统及各自的代码。

表 2－2　AH－64A 子系统清单

代　码	子系统	代　码	子系统
A	武器装备子系统	N	导航子系统
AFC	火力控制计算机	NM	地图
AGC	枪械管制	NC	导航控制
AL	激光	ND	导航显示器
AMC	导弹控制	S	安全子系统
ARC	火箭飞行控制	SG	地面安全
ASG	符号生成器	S	安全
AM	武器	U	效用子系统
E	发动机子系统	UAD	咨询
EF	燃油	UAI	防冰装置
EE	发动机	UAP	辅助动力装置
EIN	发动机检测仪表	UC	交流
EO	机器润滑油	UEL	电子
EI	发火装置	UEN	环境
F	飞行控制子系统	UF	飞行窗体
FA	飞机机身	UL	照明
FB	刹车装置	US	生存性
FC	飞行控制	UV	广播
FI	飞行仪表	V	视觉子系统
FG	传动装置	VEX	外部视野
FH	液压装置	VSC	感知控制器
FR	轮子	VSD	感知显示器
FT	变速器	VVD	视觉显示器

2.3.3　AH－64A 负荷预测

模型应用于 52 个所有不同的片段。在假设条件和驾驶员及副驾驶员/攻击手分享任务需求时，预测没有一个机组处于超负荷条件下。因此，模型表明熟练的机组在执行 AH－64A 任务时不会遇到超负荷。

生成 52 个 AH－64A 任务片段的驾驶员与副驾驶员/攻击手的负荷预测曲线图。曲线代表在每个任务片段的 0.5 s 间隔内机组执行所有任务的每一个部分的总负荷。以一个片段负荷预测曲线图为例，图 2－1 显示了在任务进近（NOE）片段的飞行员每个部分的估计负荷值。

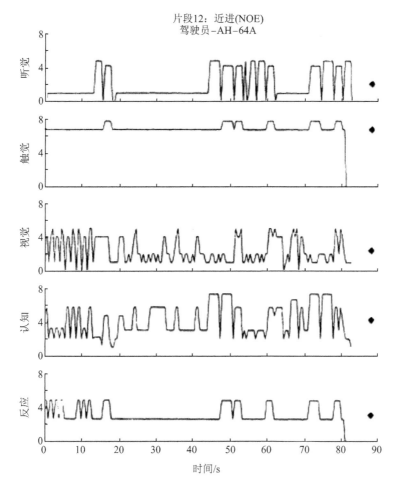

图 2 - 1 一个片段的驾驶员负荷预测曲线举例

段落中描述的每个部分的负荷原因在以下的段落中被讨论。

听觉曲线图显示了与随机驾驶舱交流相关的负荷,10~20 s 间有两个高峰值。当驾驶员首次收到交流时更高的峰值出现,当驾驶员短时间再次收到交流信息时低一点的峰值出现。触觉曲线图显示驾驶员在控制时是连续的,触觉的负荷随着进程基本不发生改变。视觉负荷的变化是驾驶员检察仪表和威胁报警系统造成的。与驾驶舱交流相关的认知负荷在每次交流发生时出现一对高峰值。最后,反应曲线反映了在飞行时移动飞行控制器和需要交流的开关启动相关的负荷。每条曲线结尾的菱形标志反映了整个片段的平局部分负荷。每个片段的驾驶员负荷用 5 条曲线来显示:一条代表一个部分。

驾驶员和副驾驶员/攻击手的 AH - 64A 负荷模型预测分别见表 2 - 3 和表 2 - 4。表 2 - 4 显示了 5 个部分的每个平均负荷值,所有 52 个片段的预测 OW 值。根据所有的片段,驾驶员和副驾驶员/攻击手的平均 OW 值分别为 53.3(SD=10.7)和 39.6(SD=11.4)。驾驶员的负荷显著高于副驾驶员/攻击手的负荷,$t(51)=6.75,P\leqslant0.0005$。另外,驾驶员和副驾驶员/攻击手负荷之间的关系显著不同,$r=0.128,P>0.10$。

飞行员工作负荷

表 2 - 3 AH - 64A 片段模型的驾驶员负荷

片　段	片　段
1：飞行计划	27：获取(DTV,LST,手动)
2：外部驾驶舱检查	28：获取(DTV,LST,自动)
3：起飞前绕走	29：获取(DVO)
4：内部驾驶舱检查	30：获取(DVO,LST,手动)
5：启动 APU	31：获取(DVO,LST,自动)
6：启动 APU 以后	32：获取(FLIR)
7：滑行	33：获取(FLIR,LST,手动)
8：起飞(等高)	34：获取(FLIR,LST,自动)
9：等高飞行	35：交战,LOAL(自动,手动跟踪)
10：NOE 飞行	36：交战,LOAL(自动,图像注释)
11：进近(等高)	37：交战,LOAL(自动,图像注释抵消)
12：进近(NOE)	38：交战,LOAL(远程指定)
13：着陆	39：交战,LOSL(自动,手动跟踪)
14：等候区操作(进港)	40：交战,LOSL(自动,图像注释)
15：进港操作(出港)	41：交战,LOSL(自动,图像注释抵消)
16：起飞(NOE)	42：交战,LOSL(远程指定)
17：确立战斗位置	43：交战,攻击(驾驶员,IHADSS)
18：部署战斗区域	44：交战,攻击(CPG,IHADSS)
19：目标移交(LST)	45：交战,攻击(CPG,TADS,IAT)
20：目标移交,坐标网格(导弹)	46：交战,FFAR(驾驶员)
21：目标移交,坐标网格(攻击,主驾驶)	47：交战,FFAR(副驾驶员)
22：目标移交,坐标网格(攻击,CPG)	48：交战,LOAL(速射)
23：目标移交,坐标网格(攻击,CPG,LRF)	49：交战,LOAL(脉射)
24：目标移交,坐标网格(FFAR,驾驶员)	50：FARP 程序
25：目标移交,坐标网格(FFAR,副驾驶员)	51：关闭发动机
26：获取(DTV)	52：离开飞机前

表 2 - 4 AH - 64A 模型片段副驾驶员/攻击手的工作负荷

片　段	持续时间/s	听　觉	动　觉	视　觉	认　知	精　神	总负荷
1：飞行计划	2 319	1.7	0.0	3.1	5.0	4.3	47.7
2：外部驾驶舱检查	666	0.0	0.0	0.6	0.5	0.0	10.2
3：起飞前绕走	1 317	0.0	0.0	0.0	0.0	0.0	7.2
4：内部驾驶舱检查	404	0.0	1.0	1.6	2.3	2.7	29.2
5：启动 APU	186	1.5	0.0	2.6	3.2	1.2	31.8
6：启动 APU 以后	1 351	1.3	0.2	4.6	5.1	4.7	53.0

片　段	持续时间/s	听　觉	动　觉	视　觉	认　知	精　神	总负荷
7：滑行	447	1.6	0.1	1.4	2.4	0.4	24.5
8：起飞（等高）	471	1.9	0.1	1.4	2.5	0.5	25.8
9：等高飞行	450	1.7	0.1	4.3	5.9	3.2	51.1
10：NOE 飞行	450	1.8	0.2	4.0	5.5	3.1	49.3
11：进近（等高）	142	3.2	0.3	1.6	3.7	0.8	35.1
12：进近（NOE）	84	3.3	0.4	2.1	4.4	1.1	39.6
13：着陆	195	1.3	0.1	1.2	2.1	0.2	21.3
14：等候区操作（进港）	134	3.2	2.9	1.4	6.0	4.2	58.8
15：进港操作（出港）	134	3.1	3.2	1.4	6.3	3.0	56.4
16：起飞（NOE）	471	1.9	0.1	1.2	2.5	0.5	25.4
17：确立战斗位置	331	1.9	0.1	5.0	6.2	2.2	51.6
18：部署战斗区域	422	1.9	0.1	4.3	5.5	2.0	47.1
19：目标移交（LST）	56	3.0	0.2	3.1	3.6	3.0	44.4
20：目标移交，坐标网格（导弹）	54	2.3	0.2	3.8	3.8	3.5	46.2
21：目标移交，坐标网格（攻击，驾驶员）	78	2.4	0.2	3.6	3.8	3.4	45.9
22：目标移交，坐标网格（攻击，CPG）	88	2.2	0.1	4.1	4.1	4.0	49.6
23：目标移交，坐标网格（攻击，CPG，LRF）	75	2.5	0.2	3.9	3.9	3.9	48.4
24：目标移交，坐标网格（FFAR，驾驶员）	91	2.8	0.1	3.2	4.2	3.0	45.6
25：目标移交，坐标网格（FFAR，副驾驶员）	85	2.3	0.2	3.3	3.5	3.3	43.8
26：获取（DTV）	58	2.2	3.4	4.5	4.0	1.9	53.6
27：获取（DTV，LST，手动）	41	2.3	2.1	3.9	3.8	1.6	47.0
28：获取（DTV，LST，自动）	52	2.3	0.4	4.0	4.0	0.9	40.7
29：获取（DVO）	54	2.3	3.4	4.6	4.1	2.0	54.5
30：获取（DVO，LST，手动）	41	2.3	2.1	4.0	3.8	1.7	47.1
31：获取（DVO，LST，自动）	52	2.3	0.4	4.0	4.0	0.9	40.8
32：获取（FLIR）	62	2.1	3.4	4.3	4.0	2.0	53.0
33：获取（FLIR，LST，手动）	41	2.3	2.1	3.9	3.8	1.7	47.1
34：获取（FLIR，LST，自动）	52	2.3	0.4	4.0	4.0	0.9	40.8
35：交战，LOAL（自动，手动跟踪）	36	1.7	0.9	3.9	4.1	2.1	44.2
36：交战，LOAL（自动，图像注释）	37	1.7	0.6	2.5	3.2	1.1	33.9
37：交战，LOAL（自动，图像注释抵消）	39	1.7	0.8	2.5	3.4	1.2	35.1
38：交战，LOAL（远程指定）	30	3.2	0.7	1.6	4.7	0.9	39.1
39：交战，LOBL（自动，手动跟踪）	35	1.5	1.3	3.8	4.5	3.0	49.0
40：交战，LOBL（自动，图像注释）	36	1.7	1.0	2.3	3.6	1.9	37.9
41：交战，LOBL（自动，图像注释抵消）	39	1.7	1.2	2.5	3.8	2.0	39.3
42：交战，LOBL（远程指定）	77	2.8	0.4	1.3	4.1	0.6	33.4

片　段	持续时间/s	听　觉	动　觉	视　觉	认　知	精　神	总负荷
43：交战，攻击（驾驶员，IHADSS）	28	2.0	0.1	2.7	3.8	0.3	33.0
44：交战，攻击（CPG，IHADSS）	31	1.9	0.3	5.1	3.2	2.2	43.7
45：交战，攻击（CPG，TADS，IAT）	34	1.8	0.5	2.8	3.3	0.8	34.0
46：交战，FFAR（驾驶员）	56	1.5	0.1	1.7	2.7	0.2	24.8
47：交战，FFAR（副驾驶员）	66	1.7	0.2	2.0	3.0	0.4	28.3
48：交战，LOAL（速射）	45	1.6	1.1	3.9	4.5	2.6	46.9
49：交战，LOAL（脉射）	65	2.5	0.8	2.7	4.6	1.5	42.3
50：FARP 程序	534	1.4	0.1	1.5	2.5	0.2	23.7
51：关闭发动机	150	1.6	0.2	1.9	2.7	1.1	28.9
52：离开飞机前	525	1.2	0.0	2.3	3.1	1.4	30.6

表 2-3 和表 2-4 中的数据反映了：

熟练的机组能在无超负荷条件下执行 AH-64A 任务。当确定战斗位置时飞行员的平均认知负荷最高。驾驶员的总负荷在攻击（驾驶员，IHADSS）片段最高。

当在飞行中飞行片段执行导航和改变战斗信息时副驾驶员/攻击手的平均认知负荷最高。在等候区操作（入站）片段时，副驾驶员/攻击手的总负荷最高。当进入战斗区域和确定战斗位置时所有机组的总负荷达到最高。

2.3.4　负荷计算与分析

在任务片段中，飞行员用 0～100 的连续两级的量表估计他们的总负荷（OW）。极端值被商定为"非常低的负荷"和"非常高的负荷"。

通过对比负荷的 OW 观察法和 TAWL 预测法，Iavecchia 等人（1989）将 TOSS 中组成部分负荷的独立预测值转化为一个单一的总负荷预测值。Iavecchia 等人假设可添加性，将所有时间和组成部分的预测值相加合生成每个片段每个机组单一的负荷估计值。Iavecchia 等人观察到的主观 OW 值和转化的 TWAL 预测值相关性很高（$r=0.82～0.95$）。

在 AH-64A 的负荷分析中，根据 Iavecchia 等人的数据报告可获得回归方程。方程首先计算负荷组成部分的平均值，然后将平均值化成 0～100 之间的 OW 值。对于本报告描述的每一个任务片段，TOSS 用以下方程计算 OW 的预测值：

$$OW = \left(\frac{AUD+KIN+VIS+COG+PSY}{5.0} \times 14.5 \right) + 7.2$$

这里的 AUD、KIN、VIS、COG 和 PSY 分别代表片段听觉、触觉、视觉、认知和反应负荷的平均值。

该方程的有效性在于以下几个原因：

第一，负荷组成部分平均值的放大不会影响证明 OW 和 TAWL 负荷预测方法的高关联性。该方程仅在利用 TAWL 负荷预测法来预测航空 OW 值时有用。

第二，用于生成 TAWL 预测负荷的 7 分量表和 0～100 分的 OW 量表之间的关系不明确。7 分量表只是被开发用来估计 0.5 s 时间内单一任务的单一部分的负荷值，而 OW 量表被开发用于更长时间内多个部分的负荷。7 分量表有一个象征性的超负荷界限值(任务绩效可能降低的值)8,然而 0~100 量表代表超负荷的值还不明确。如果 0~100 能呈现操作者负荷的程度和任务下降情景导致高负荷的负荷值,那么负荷的界限一定位于 OW 的高端。然而,那个点并未被确定。

第三,这种由经验结果产生的回归方程,不同于分析得到的任何样本的缩放方程。例如,7 分量表和 100 分量表转化方程的斜率为 14.3,OW 回归方程的斜率是 14.5。然而,方程的截距应该是 0.0,OW 回归方程的截距是 7.5。因此,如果所有 TAWL 部分负荷预测值是 0.0,那么方程预测的 OW 值是 7.5。尽管经验获得的 OW 回归方程可能不准确,但这是 TAWL 预测模型的负荷预测值和文献中报道的主观负荷值的唯一联系。因此,这种分析被用于计算航空负荷的总负荷。

2.3.5 在其他飞机上的应用

TAWL 方法已经被用于 UH-60A(Aldrich 等,1989)、MH-60K(Bierbaum 等,1990)、CH-47D(Aldrich 等,1989)、MH-47E(Hamilton 等,1991)飞机,因此这种量度能用于比较这些不同系统的飞机组负荷。

对于 UH-60A、MH-60K、CH-47A 和 MH-47E 的所有片段,驾驶员的 OW 值分别是 $42.4(n=34,SD=8.2)$、$40.7(n=15,SD=8.1)$、$42.3(n=38,SD=7.7)$ 和 $41.1(n=15,SD=8.0)$。其他军用飞机的 AH-64A 驾驶员和最高驾驶员负荷的平均 OW 值的差异值是 10.9 分,很显著,$t(84)=5.1,P\leqslant0.0005$。

对于 UH-60A、MH-60K、CH-47A 和 MH-47E 的所有片段,副驾驶员的 OW 值分别是 $29.7(n=34,SD=11.1)$、$26.5(n=15,SD=7.7)$、$29.2(n=38,SD=10.6)$ 和 $27.4(n=15,SD=7.1)$。AH-64A 副驾驶员和 UH-60A 副驾驶员的平均 OW 值的差异值是 9.9 分,很显著,$t(84)=4.0,P\leqslant0.0005$。

因此,用于 AH-64A 的分析方法被定义用于预测改进的军用特殊操作直升机操作负荷的影响。这种方法已经被用于预测原先的和改进的 UH-60A 战斗机的机组工作负荷。方法的修正版本称为任务分析/工作负荷(TAWL)。另外,支持这种方法的计算机程序被开发并被命名为 TAWL 操作模拟系统(TOSS)。Hamilton、Bierbaum 和 Fulford 提供了 TAWL 完整的方法描述和 TOSS 软件。

2.4 小 结

Siegel 和 Wolf 的模型对之后的研究产生了很大影响。虽然他们的模型的主要目的是预测操作人员能否完成他在系统中被赋予的使命,但是,由于时间压力是他能否完成任务的一个关键因素,而时间压力与脑力负荷已经非常接近,因此,我们认为这是脑力负荷预测的一个奠基性研究。

时间压力模型和波音公司工作负荷预测模型都是将时间压力作为考量工作负荷预测的依据。而 TAWL 模型、MIDAS TLM 模型、指挥系统中操作者工作负荷预测模型及多资源工作负荷计算模型,将考虑单任务负荷预测工作负荷的预测。这几种方法尽管在预测方式上存在差异,但是所采取的预测方法和模型的研究思路却极为相似,都是将任务分解后在单任务的基础上进行预测分析,因此,它们均能被视为基于任务的工作负荷预测模型。

参考文献

[1] Aldrich T B,Szabo S M,Bierbaum C R. The development and application of models to predict operator workload during system design[M]. New York:Springer US,1989.

[2] Cuevas H M. The pilot personality and individual difference in the stress response[A]// Proceedings of the Human Factors and Ergonomics Society 47th Annual Meetings[C]. Santa Monica:Human Factors and Ergonomics Society,2003:1 092-1 096.

[3] Liu D, Peterson T, Vincenzi D, et al. Effect of time pressure and target uncertainty on human operator performance and workload for autonomous unmanned aerial system[J]. International Journal of Industrial Ergonomics,2016,51:52-58.

[4] Tsang P S, Vidulich M. Workload and situation awareness[M]//S'alvendy, G. Handbook of human factors and ergonomics. 3rd ed. New York:Wiley,2006:243-268.

[5] Parasuraman R, Davies D R. Varieties of Attention[M]//Wickens C D. Processing resources in attention. London:Academy Press,1984:63-101.

[6] 何雪丽.民用机组工作负荷综合评估及影响因素研究[D].北京:北京航空航天大学,2016.

第 3 章　主观评价法

　　长久以来,工作负荷研究人员一直致力于研究一种直接、方便、可靠的工作负荷确定和评定方法。人们希望找到一种心理特征或一种可测量的行为特征。但是个人可变因素众多,而工作负荷与可测心理特征之间的直接可靠关系则少之又少。瞳孔直径、眨眼频率、眼球运动、呼吸频率、血压、脑电图、肌电图、心率、体液分析、皮肤流电响应等,均可通过客观测量得到数据,但与工作负荷直接、可靠的关系被认为是不足的,或者对工作负荷过于敏感,被认为单一使用对航空运营取证都不够可靠。因此,主观评价法成为最实用的方法不足为奇,实际系统、系统组合以及飞机中用到的工作负荷评定大多采用主观方法。主观评价法是最流行也是最简单的工作负荷评价方法。毕竟主观评价法最接近于筛选出工作负荷的实质,并提供最可行和最灵敏的测量方法。原因是该方法提供了一个反映飞行相关活动对飞行员影响的指征,并将很多其他因素的影响进行整合。

　　主观评价法要求系统操作者陈述特定操作过程中的工作负荷体验,或根据工作负荷体验对操作活动进行难度顺序的排列。主观评价法是一种直接评价方法;如果使用适宜,一般不会对主操作产生干扰,也不会对测试任务产生妨碍;一般使用统一的评定维度,不同情境的负荷评价结果可相互比较;使用简单、省时,容易运用;数据的收集与分析比较容易。尽管主观评判不能代表任务的内在特性,也具有一些局限性(如受短时记忆消退的严重局限,需操作后立即测试才好;不适用于主操作有记忆要求的场合;对评价员有一定要求),但确实在任务本身、操作者和环境之间产生了交互作用,而这正是大多数航空运输中工作负荷考虑因素(含取证)所需的信息。主观工作负荷评估,适宜情况下辅以客观心理/生理量测量,是适航规章可接受的工作负荷评定方法。

3.1　NASA-TLX 量表

　　NASA-TLX 的英文全称是 National Aeronautics and Space Administration-Task Load Index(此类缩写仍沿用国外研究人员的写法),由美国航空宇航局下属 AMES 研究中心于 1988 年建立(Hart & Staveland,1988)。NASA-TLX 采用两极分级法,根据 6 项指标(或称维度)的加权平均来评估工作负荷,这 6 项指标分别是脑力需求(Mental Demand,MD)、体力需求(Physical Demand,PD)、时间需求(Temporal Demand,TD)、自我绩效(Own Performance,OP)、努力程度(Effort,EF)、受挫程度(Frustration,FR)。各项指标衡量的含义解释如表 3-1 所列。

表 3-1　NASA-TLX 指标含义

指　标	两个极端点	含　义
脑力需求	极低/极高	完成任务需要付出多少脑力和知觉活动(如思考、决策、计算、记忆、观察、搜寻等)? 此任务是容易还是困难? 简单还是复杂? 要求严苛还是允许失误
体力需求	极低/极高	完成任务需要付出多少体能活动(如推、拉、转动、控制、行动等)? 此任务是容易还是困难? 节奏慢还是快? 肌肉松弛还是紧张? 动作轻松还是费力
时间需求	极低/极高	任务进展速度使人感受到多少时间压力? 任务速度或步调是缓慢还是急速? 使人感到悠闲还是匆忙? 从容不迫还是匆忙慌乱
自我绩效	完美(好)/失败(差)	完成任务有多成功? 取得的成绩怎样? 对成绩的满意程度如何
努力程度	极低/极高	在完成这项任务时,需要做出多大的努力才能达到本任务所要求的水准
受挫程度	极低/极高	在任务进行时,所感到没有把握、气馁、烦躁、紧张、沮丧、程度有多大? 感到是没有保障还是有保障? 泄气还是劲头十足? 烦恼还是满意? 有压力还是放松

这 6 项指标中,前 3 项指标(脑力需求、体力需求和时间需求)与任务施加于操作者的需求相关,后 3 项指标(自我绩效、努力程度和受挫程度)与操作者和任务之间的交互相关。每项指标由一条 20 等分的刻度线表示,分数范围为 0～100,刻度线左端是低、好,右端是高、差,如图 3-1 所示。

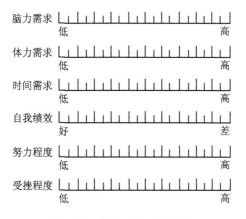

图 3-1　NASA-TLX 量表

操作人员针对实际操作情境,在完成某一项任务之后,根据执行任务的体会,对 6 项指标的状况分别进行评价,在 6 项指标的刻度线相应空格位置做出标记。除自我绩效这一指标之外,其他 5 项指标都是感觉越高,则所给分值也越高;而对自我绩效,感觉自己的表现越好,则所给分值越低。

各指标在工作负荷形成中的权数不同,且随着情境的变化而显示出差异。操作者根据执行任务的体会,采用两两比较法,对每项指标在工作负荷形成中的相对重要性进行评估,勾选其中相对重要的一项,然后将各项指标被勾选的次数求和,标准化后即得到该指标的权重。6 项指标的权数之和等于 1。计算公式如下:

$$W = \sum_{i=1}^{6} W_i R_i$$

其中：W_i 为各项指标的权重；R_i 为各项指标的评分；$W_i = \dfrac{N_i}{N}$，$i = 1 \sim 6$；$N = \sum\limits_{i=1}^{6} N_i$；$N_i$ 为选择第 i 项指标为重要项目的数目。

在对权数进行评估时，自相矛盾的评估（即 A 比 B 重要，B 比 C 重要，C 比 A 重要）是允许的，这种情况出现时，说明被评估的指标的重要性非常接近。

确定了各指标的权重和评估值之后，进行加权平均就可以求出工作负荷，即工作负荷为 6 项指标的分数乘以各指标权重加总所得，总分越高，表示工作负荷越大。

NASA - TLX 量表评价工作负荷的步骤如下：

① 被试者理解量表中 6 项指标的含义。

② 确定各项指标的权重。被试者根据执行任务的体会，两两比较 6 项指标，勾选其中相对重要的一项，将各项指标被勾选的次数求和，各项指标和值除以总次数，即得到各指标的权重，如图 3 - 2 所示。

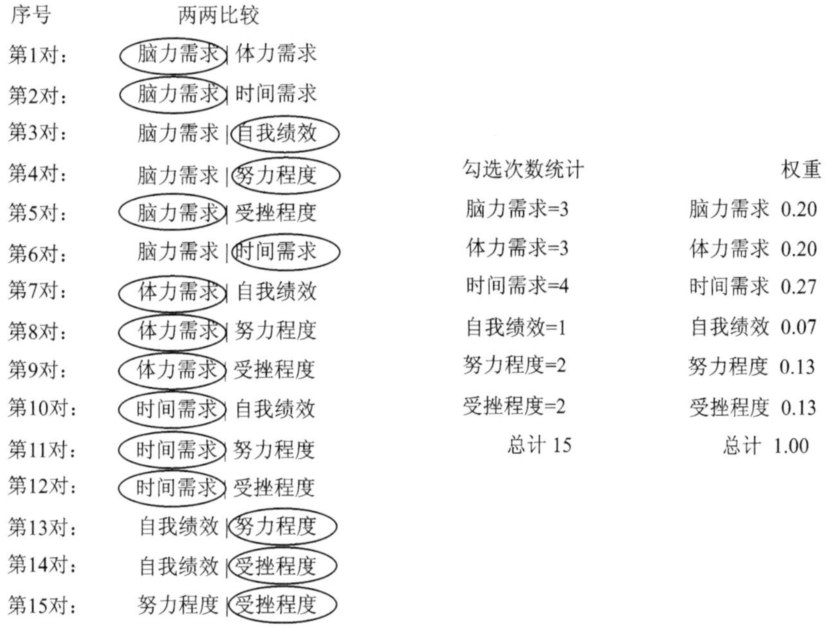

序号	两两比较	勾选次数统计	权重
第1对：	脑力需求｜体力需求		
第2对：	脑力需求｜时间需求		
第3对：	脑力需求｜自我绩效		
第4对：	脑力需求｜努力程度	脑力需求=3	脑力需求 0.20
第5对：	脑力需求｜受挫程度	体力需求=3	体力需求 0.20
第6对：	脑力需求｜时间需求	时间需求=4	时间需求 0.27
第7对：	体力需求｜自我绩效	自我绩效=1	自我绩效 0.07
第8对：	体力需求｜努力程度	努力程度=2	努力程度 0.13
第9对：	体力需求｜受挫程度	受挫程度=2	受挫程度 0.13
第10对：	时间需求｜自我绩效		
第11对：	时间需求｜努力程度	总计 15	总计 1.00
第12对：	时间需求｜受挫程度		
第13对：	自我绩效｜努力程度		
第14对：	自我绩效｜受挫程度		
第15对：	努力程度｜受挫程度		

图 3 - 2　确定各项指标的权重

③ 根据自己执行任务的体验，在量表对应位置做出标记，或给出分数（分数范围为 0～100）。例如某任务一和任务二的负荷评价如图 3 - 3 所示。

④ 6 项指标加权求和，即得到总工作负荷，计算公式为

$$W = \sum_{i=1}^{6} W_i R_i$$

其中：W_i 为各项指标的权重；R_i 为各项指标的评分。

以图 3 - 3 中的数字为例，计算可得任务一总工作负荷为 44.3，任务二总工作负荷为 57.3，即任务二的工作负荷更大。

下面是一个使用 NASA - TLX 量表评价飞行员工作负荷的例子。

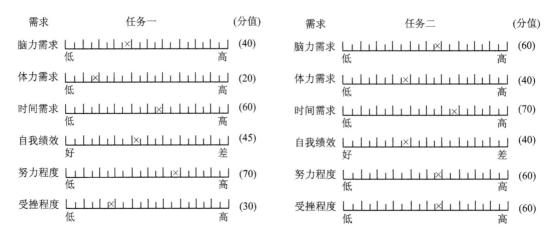

图 3－3　某任务一和任务二的负荷评价示例

刘秋红等为观察模拟舰载起落航线飞行各阶段飞行员的脑力负荷,采用改良的 NASA-TLX 量表,在飞行模拟器上对 10 名歼击机飞行员进行起落航线课目飞行的脑力负荷主观评估,分析了不同飞行阶段飞行员的脑力负荷。研究发现,在模拟飞行起落航线课目滑跃起飞、三边巡航、三四转弯和下滑着舰 4 个阶段飞行员脑力负荷值存在差异,下滑着舰阶段飞行员脑力负荷明显高于其他 3 个阶段。在测量的脑力负荷 6 个维度中,下滑着舰阶段飞行员的脑力需求明显高于其他 3 个阶段,时间需求、努力程度明显高于滑跃起飞和三边巡航阶段。4 个飞行阶段飞行员的体力需求、自我绩效和受挫程度值差异无统计学意义。得出结论:飞行员在着舰阶段脑力负荷最大,主要与脑力需求、时间需求和努力程度有关(刘秋红等,2017)。

1. 对　象

海军歼击机飞行员 10 名。

2. 方　法

(1) 飞行课目

某型舰载机模拟器模拟飞行,飞行课目为起落航线飞行,1 架次完成 5 个起落,持续时间共约 20 min。每个起落航线按时间划分为滑跃起飞、三边巡航、三四转弯和下滑着舰 4 个阶段。

(2) 主观评价量表

对于 NASA-TLX 量表,保留原量表对脑力负荷评定采用的脑力需求、体力需求、时间需求、自我绩效、努力程度和受挫程度 6 个维度;将原量表采用的对 6 个维度进行两两配对比较来确定该维度对总脑力负荷的权重,改为对 6 个维度重要性进行排序来确定其对总脑力负荷的权重,即按重要程度排序为 6、5、4、3、2、1,所占的权重系数分别为 6/21、5/21、4/21、3/21、2/21、1/21。

(3) 脑力负荷评定

在飞行员完成起落航线课目模拟飞行后半小时内,采用 NASA-TLX 量表对飞行员进行脑力负荷测评。某阶段各个评价维度的评价值乘以所对应的权重系数即为该维度贡献的脑力负荷值,6 个维度贡献值之和为该阶段脑力负荷值。

3. 统计学处理

采用 SPSS 15.0 统计软件进行统计学分析。指标采用均数±标准差($z \pm s$)表示。采用随机单位组方差分析检验下滑着舰、滑跃起飞、三边巡航、三四转弯 4 个阶段飞行员脑力负荷值及脑力负荷 6 个维度评价值的差异显著性。以 $P < 0.05$ 为差异有统计学意义。

4. 结　果

(1) 模拟起落航线飞行各阶段飞行员脑力负荷值

当模拟起落航线飞行时,滑跃起飞、三边巡航、三四转弯和下滑着舰 4 个阶段飞行员脑力负荷值分别为 54.22 ± 16.74、40.68 ± 17.76、61.08 ± 17.80、86.64 ± 6.37,下滑着舰阶段脑力负荷明显高于其他 3 个阶段($F = 15.613$, $P < 0.01$)。

(2) 模拟起落航线飞行各阶段飞行员脑力负荷 6 个维度评价值

由表 3-2 可见,在测量的脑力负荷 6 个维度中,下滑着舰阶段飞行员的脑力需求明显高于其他 3 个阶段($F = 34.944$, $P < 0.01$),时间需求明显高于滑跃起飞和三边巡航阶段($F = 5.653$, $P < 0.01$),努力程度高于滑跃起飞和三边巡航阶段($F = 3.344$, $P < 0.05$)。4 个飞行阶段飞行员的体力需求、自我绩效和受挫程度值差异无统计学意义。

表 3-2　10 名飞行员模拟起落航线飞行各阶段的脑力符合 6 个维度评价值(均值±标准差)

飞行阶段	脑力需求	体力需求	时间需求	自我绩效	努力程度	受挫程度
滑跃起飞	18.72 ± 6.95^a	2.62 ± 2.92	6.35 ± 6.48^a	7.31 ± 5.84	9.56 ± 8.43^b	8.6 ± 6.8
三边巡航	3.77 ± 3.53^a	4.94 ± 3.47	8.83 ± 7.74^a	7.36 ± 7.28	9.81 ± 8.33^b	5.98 ± 4.13
三四转弯	10.42 ± 5.99^a	6.23 ± 5.77	13.46 ± 7.09	7.12 ± 8.51	15.38 ± 8.78	8.47 ± 5.45
下滑着舰	25.91 ± 3.16	5.35 ± 4.49	17.96 ± 5.88	5.67 ± 5.91	18.93 ± 5.49	12.76 ± 4.43
F 值	34.944	1.497	5.653	0.133	3.344	1.270
P 值	0.000	0.232	0.003	0.940	0.030	0.462

注:表中上角标 a,表示此数据与下滑着舰阶段比,有非常显著性差异($P < 0.01$);表中上角标 b,表示此数据与下滑着舰阶段比,有显著性差异($P < 0.05$)。

5. 讨　论

由于复杂的作业环境和特殊的起降方式,舰载机飞行员的脑力负荷要比普通机种飞行员更大。航空母舰作为起降平台是高速运动的,舰载机着舰采用高速入场方式,按照准确的下滑轨迹才能实现成功挂索着舰,需要在很短的时间内完成校准航向、调准角度、掌握速度、纠正偏差等一系列复杂判断和精细操作,飞行员脑力负荷极高。高脑力负荷决定了舰载机飞行的高难度和高危险性。据统计,1981 年美海军舰载机 A 级事故发生率是陆基的 3.8 倍,随着技术的发展舰载机事故率有所降低,但仍远高于陆基飞行事故率,在发生的事故中,下滑着舰阶段占有很大比例,这提示了下滑着舰阶段飞行员的脑力负荷很高。

为了探讨舰载机飞行员飞行各阶段脑力负荷变化情况,笔者采用主观评价的方法对飞行员进行了起落航线课目各阶段脑力负荷测评,由于飞行任务的特殊性和危险性,采用了模拟飞行的方法作为研究手段,这也是目前航空医学研究常用的方法。采用模拟飞行的方法对飞行员进行生理指标和脑力负荷检测评价,能较好地反映实际飞行情况。本研究结果显示,在整个起落航线飞行的过程中,下滑着舰阶段飞行员的脑力负荷要明显高于其他阶段,其中在脑力负荷评价的 6 个维度中,下滑着舰阶段飞行员的脑力需求明显高于其他 3 个阶段,而时间需求和努力程度要明显高于滑跃起飞和三边巡航阶段。此结果表明,下滑着舰阶段飞行员的脑力负荷高,主要表现在脑力需求大、允许飞行员判断反应的时间紧、需要的努力程度高,其中尤以脑力需求最重,反映了舰载机飞行员的着舰作业特点,即在下滑着舰时面临狭小的跑道需要在短时间内做出一系列精准的操控,而复杂危险的动作使得飞行员具有较强的认知负荷和心理压力。减轻飞行员脑力负荷,对于提高飞行自我绩效、保证飞行安全具有重要意义。对于舰载机飞行员来说,减轻其在着舰阶段的脑力负荷尤为重要,可在硬件优化设计、飞行员的选拔训练以及针对性的航卫保障等多方面着手,进行深入研究。

3.2 SWAT 量表

SWAT 为英文 Subjective Workload Assessment Technique 的首字母缩写,即主观工作负荷评估技术,由美国空军开发,适用于单人驾驶的情况,在美国空军和陆军中获得了应用。

SWAT 量表中,工作负荷被看作是时间负荷(Time Load)、心理紧张负荷(Psychological Stress Load)和努力负荷(Effort Load)3 个因素的结合。在 3 个因素中,时间负荷反映计划、实施及监控任务的有效时间总量,执行任务过程中有多少可用空闲时间;努力负荷用于评价完成任务所需有意识的努力和计划,执行任务需要付出多大努力;心理紧张负荷用于评价执行任务过程中产生的疑问、挫折、焦虑、思绪混乱等心理状态程度。每个因素分为 3 级:1(轻)、2(中)、3(重)。3 个因素及每个因素的 3 个等级,共形成 3×3×3=27 个工作负荷水平。这 27 个工作负荷水平被定义在 0~100 之间。在 3 个因素都为 1 时,其工作负荷对应的水平为 0,当 3 个因素都为 3 时,工作负荷水平为 100。

SWAT 因素和等级含义描述见表 3-3。

表 3-3　SWAT 因素和等级含义描述

等级	时间负荷	努力负荷	心理紧张负荷
1	经常有空余时间,各项活动之间很少有冲突或相互干扰	很少意识到工作努力,活动几乎是自动的,很少或不需注意力	很少出现慌乱、危险、挫折或焦虑,工作容易适应
2	偶尔有空余时间,各项活动之间经常出现冲突或相互干扰	需要一定的努力或集中注意力。由于不确定性,不可预见性或对工作任务不熟悉,工作中有些复杂	由于慌乱、挫折和焦虑而产生中等程度的压力,增加了负荷。为了保持适当的业绩,需要非常努力
3	几乎从未有空余时间,各项活动之间冲突不断	需要十分努力和聚精会神。工作内容十分复杂,要求集中注意力	由于慌乱、挫折和焦虑而产生相当高的压力,需要极高的自我控制能力和坚定性

SWAT 量表评价工作负荷的步骤如下:

① 研究者制成 27 张卡片,分别代表 27 个工作负荷水平。每个负荷水平是 3 个因素的组合,如(1,1,1)、(1,2,1)等,并根据数学中的分析方法把这 27 个水平分别与 0~100 之间的某一点对应起来,如(1,1,1)对应于 0,(1,2,1)对应于 15.2 等。

② 被试者根据这 27 张卡片所代表的工作负荷,按照自己的主观观点和感觉,进行从小到大的排序,从而由排序情况确定 3 个因素对工作负荷的贡献(重要性)。根据每个因素的相对重要性,可形成 6 个排序组,见表 3-4。被试者根据自己感受,将调查对象归入表中的某一组别。如被试者认为某对象 T 最重要,E 次之,则归入 TES 组。其余组别含义依次类推。

表 3 - 4　SWAT 量表的组别和评分标准

序　号	组　别					
	T E S	T S E	E T S	E S T	S T E	S E T
1	1 1 1	1 1 1	1 1 1	1 1 1	1 1 1	1 1 1
2	1 1 2	1 2 1	1 1 2	2 1 1	1 2 1	2 1 1
3	1 1 3	1 3 1	1 1 3	3 1 1	1 3 1	3 1 1
4	1 2 1	1 1 2	2 1 1	1 1 2	2 1 1	1 2 1
5	1 2 2	1 2 2	2 1 2	2 1 2	2 2 1	2 2 1
6	1 2 3	1 3 2	2 1 3	3 1 2	2 3 1	3 2 1
7	1 3 1	1 1 3	3 1 1	1 1 3	3 1 1	1 3 1
8	1 3 2	1 2 3	3 1 2	2 1 3	3 2 1	2 3 1
9	1 3 3	1 3 3	3 1 3	3 1 3	3 3 1	3 3 1
10	2 1 1	2 1 1	1 2 1	1 2 1	1 1 2	1 1 2
11	2 1 2	2 2 1	1 2 2	2 2 1	1 2 2	2 1 2
12	2 1 3	2 3 1	1 2 3	3 2 1	1 3 2	3 1 2
13	2 2 1	2 1 2	2 2 1	1 2 2	2 1 2	1 2 2
14	2 2 2	2 2 2	2 2 2	2 2 2	2 2 2	2 2 2
15	2 2 3	2 3 2	2 2 3	3 2 2	2 3 2	3 2 2
16	2 3 1	2 1 3	3 2 1	1 2 3	3 1 2	1 3 2
17	2 3 2	2 2 3	3 2 2	2 2 3	3 2 2	2 3 2
18	2 3 3	2 3 3	3 2 3	3 2 3	3 3 2	3 3 2
19	3 1 1	3 1 1	1 3 1	1 3 1	1 1 3	1 1 3
20	3 1 2	3 2 1	1 3 2	2 3 1	1 2 3	2 1 3
21	3 1 3	3 3 1	1 3 3	3 3 1	1 3 3	3 1 3
22	3 2 1	3 1 2	2 3 1	1 3 2	2 1 3	1 2 3
23	3 2 2	3 2 2	2 3 2	2 3 2	2 2 3	2 2 3
24	3 2 3	3 3 2	2 3 3	3 3 2	2 3 3	3 2 3
25	3 3 1	3 1 3	3 3 1	1 3 3	3 1 3	1 3 3
26	3 3 2	3 2 3	3 3 2	2 3 3	3 2 3	2 3 3
27	3 3 3	3 3 3	3 3 3	3 3 3	3 3 3	3 3 3

注：T—时间负荷；E—努力负荷；S—心理紧张负荷。

③ 被试者对具体活动进行评分，即被试者根据执行任务时的情况，选择与自己感受相符合的因素水平。研究者根据此选择结果，结合步骤②的归组，从表 3 - 4 的相应组别中查出得分值，并换算为 0～100 分，即为被试者工作负荷评价值。分值越大，表示工作负荷越大。

SWAT 技术的缺点是飞行员在评价程序开始之前，需要对 27 种情况进行排序填写，如果手工完成，这需要 20～60 min，较为费时。另外，SWAT 仅使用高、中、低 3 级分量表确定工作负荷量，其缺点是飞行员往往会选择中间等级。研究者运用 SWAT 技术时，通过数学分析方法对被试者给出的 27 种情况的排序数据进行数学处理，相比于简单地把 27 个点平均确定在

0~100 之间更为可靠。

SWAT 对低水平工作负荷的敏感性不高,增加每个因素的等级数可以提高敏感性,但这样会产生更多的组合,使得 SWAT 卡片数量增加,卡片排序更加繁杂耗时。为此,Ameersing 等对 SWAT 量表进行了改进,提出了 5 种简化版,方法如下(Ameersing & Ravindra,2001):

① 对 3 个因素采用两两比较的方法(替代卡片排序)来判断被试者的归组,其余程序与原始量表相似。3 个因素两两比较方法见表 3-5,被试者两两比较 3 项因素,选其中相对重要的一项。

表 3-5 两两比较 3 项因素

序　号	两两比较
第 1 对	时间负荷|努力负荷
第 2 对	时间负荷|心理紧张负荷
第 3 对	努力负荷|心理紧张负荷

② 对 3 个因素采用两两比较的方法,且各因素的测量值是连续的,而不是离散的。加权计算总负荷,各因素权重分别为 0、1/3、2/3。

③ 对 3 个因素采用两两比较的方法,且各因素的测量值是连续的。为避免出现权重为 0 的情况,使各因素的权重分别为 1/6、1/3、1/2。

④ 不进行排序或两两比较,而是给每项因素相同权重,各因素的测量值是连续的,3 项因素的平均值即为总负荷值。

⑤ 不进行排序或两两比较,各因素的测量值是连续的,采用主成分分析法进行加权,即用第一主成分系数对 3 项因素进行加权计算总负荷。

SWAT 简化版与原始量表比较,显示工作负荷结果之间的相关系数高,简化版量表耗时减少,敏感性有所提高(Ameersing & Ravindra,2001)。

下面是一个使用 SWAT 量表评价工作负荷的例子。

晋良海等对高处作业人员的心理负荷进行了研究,基于高处作业人员心理负荷变化的基本特征,制定 SWAT 量表,对量表信度和效度进行验证,使用问卷调查采集 SWAT 量表中的信息,对高处作业人员的心理负荷进行主观评定与分析。结果表明,高处作业人员的心理负荷值分 3 类,处于 40~70 分的人数占绝大多数,0~40 分和 70 分以上的人数占少数(晋良海等,2015)。

1. 量表的制定与使用

高处作业人员心理负荷 SWAT 量表借助联合测定技术将心理负荷分成时间负荷、努力负荷和心理紧张负荷 3 个条目,并把 3 个条目按照重要程度进行排序,其中每个条目又按轻、中、重各划分成 3 个等级,共组成 27 种状况,分别对应 27 种心理负荷分数值。本量表的评分标准,主要借鉴以往 SWAT 量表评分标准,并针对高处作业特有环境,增加努力负荷和心理紧张负荷 2 个条目在心理负荷中的比重加以制定。

针对 SWAT 量表难以实际测量评定的问题,制定了通俗、易懂的问卷调查表来采集 SWAT 量表中的信息。所设计的问卷调查内容完全按照 SWAT 量表主要内容制定,通俗易懂且不存在诱导性问题,并严格控制题目数量,问题之间存在较强的逻辑关系,确保了问卷调查获取的信息真实、有效。该问卷调查表内容主要包括两部分:第一部分由被调查者的性别、年龄、学历、工龄等基本信息组成;第二部分由 SWAT 量表改编的 4 道问题组成,问卷调查的题目内容详见表3-6。

表3-6 问卷调查的题目内容

题目类型	题目内容描述
排序题	高处作业人员根据自己感觉将3种负荷进行从小到大排序,确定3种负荷对心理负荷的贡献大小
选择题	高处作业人员在高处作业过程中,是否存在时间不够用,且受到外界干扰的情况
选择题	高处作业人员在高处作业过程中,是否感觉到完成作业需要付出很大精力,且完成任务质量如何
选择题	高处作业人员在高处作业过程中,面对较大困难或者危险时,心情是如何变化的

注:选择题的选项参照量表评定等级进行编写,此次略去。

将采集到的高处作业人员问卷调查信息组成数据样本,并结合评分标准计算出高处作业人员心理负荷分数值,其统计结果见表3-7(只列举部分数据)。

表3-7 高处作业人员心理负荷 SWAT 量表原始数据统计表

序 列	负荷顺序	选择答案			总 分	序列(1)	负荷顺序(1)	选择答案(1)			总分(1)
1	T E S	3	2	1	22	1	T E S	3	2	1	22
2	T E S	2	3	1	16	2	T E S	2	3	1	16
3	S E T	3	3	3	27	3	S E T	3	2	3	24
4	T E S	3	2	1	22	4	T E S	3	2	1	22
5	T E S	2	2	2	14	5	T E S	2	2	2	14
6	S E T	2	2	3	23	6	S E T	2	2	3	23
7	S E T	2	2	3	23	7	S E T	2	2	3	23
8	T E S	2	2	2	14	8	T S E	2	2	2	14
9	T E S	2	3	2	17	9	T S E	2	3	2	17
10	T E S	2	2	3	15	10	T S E	2	2	3	15
11	S E T	2	2	2	14	11	S E T	2	2	2	14
12	S E T	3	2	2	15	12	S E T	3	2	2	15
13	S E T	1	2	2	13	13	S E T	1	2	2	13
14	S E T	2	3	2	17	14	S E T	2	3	2	17
15	S E T	1	2	2	13	15	S E T	1	2	2	13
16	S E T	2	2	2	14	16	S E T	2	2	2	14
17	S E T	2	2	3	23	17	S E T	2	1	2	11
18	S E T	3	2	2	15	18	S E T	3	2	2	15
19	S E T	3	2	2	15	19	S E T	3	2	2	15
20	E T S	2	1	2	5	20	E T S	2	1	2	5

注:E 表示努力负荷;T 表示时间负荷;S 表示心理紧张负荷;含有(1)的条目表示重测序列。

2. 信度和效度分析

借助 SPSS 软件对该量表的重测信度、分半信度、Cronbach's a 系数、条目得分与总分之间的相关系数、结果效度等参数进行计算,确保量表的信度和效度满足要求。

3. 评定结果分析

将表 3-7 中高处作业人员心理负荷总分按照 0～100 的分数进行折算，最后得到不同心理负荷分数段人数统计结果，见图 3-4。

由图 3-4 可以看出，高处作业人员的心理负荷值分 3 类情况，即处于 40～70 分的人数占绝大多数，0～40 分和 70 分以上的人数占少数。由评定结果可知，高处作业人员心理负荷呈现正态分布。根据高处作业人员的性别、学历、身体状况、年龄、经验等多方面可以分析 3 类作业人员心理负荷的产生机理。

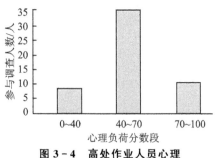

图 3-4　高处作业人员心理
负荷分数段人数统计结果

4. 结　论

根据高处作业人员心理负荷变化的基本特征及工程心理学相关理论，提出一套高处作业人员心理负荷的 SWAT 量表主观评定方法，并通过问卷调查方式采集 SWAT 量表中的信息。与以往生理测量等方法相比，高处作业人员心理负荷的 SWAT 量表可以快速、简便地测量高处作业人员的心理负荷值，为施工企业行为管理提供事实依据。将高处作业心理负荷 SWAT 量表测量的心理负荷值进行整理与统计，并结合高处作业人员性别、年龄、学历、社会环境等因素进行定性分析，可以得出：

① 高处作业人员的心理负荷值呈现正态分布；

② 性别、年龄、学历等因素对高处作业人员的心理负荷值影响较大，可为施工企业在进行作业人员筛选时提供理论指导；

③ 分析高处作业人员心理负荷值出现极值的原因，发现作业人员遗传特性、家庭与社会环境都对其心理负荷值产生重要影响。

因此，企业通过对高处作业人员进行相关技能培训和心理辅导，可以有效地将作业人员心理负荷值控制在合理的水平。

3.3　Cooper-Harper 量表

Cooper-Harper 量表由美国国家航空航天局科学家 George E. Cooper 和 Robert P. Harper 合作完成，建立于 1969 年，主要用于开发新型飞机或其改进型号（主要为军事用途）的操作性能分量表，以便对试飞员用一致模式进行评价。由于飞机操作的难易程度与工作负荷极为相关，该量表通过评价飞机驾驶难易程度以及对飞机操纵特性的评定，以反映工作负荷的大小。量表建立的依据是基于飞行员工作负荷与操纵质量直接相关的假设。Cooper 和 Harper 飞行员工作负荷的定义是"执行指定驾驶任务所需的综合的身体努力和心理努力"。在 20 世纪 60 年代后期，美国空军用 Cooper-Harper 方法评价新式飞机操作的难易程度取得了很大的成功。

Cooper-Harper 量表的完整结构如图 3-5 所示。

Cooper-Harper 量表使用时，采用决策树的形式对工作负荷进行评价，整个评价过程有 3 层决策，如图 3-6 所示。这 3 层决策是：

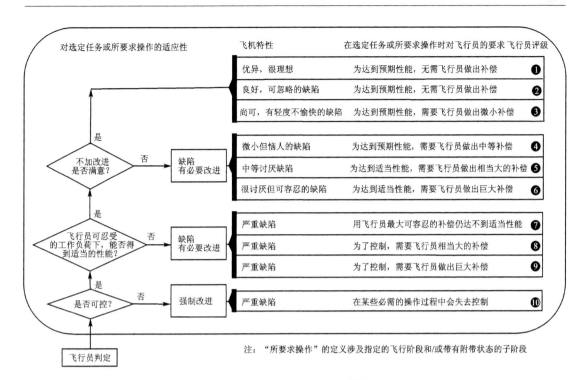

图 3 - 5　Cooper - Harper 量表

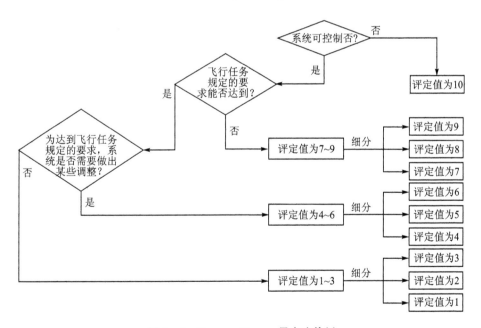

图 3 - 6　Cooper - Harper 量表决策树

①"系统可控制否?"若回答"是",则进入第②步;回答"否",则评分为 10。

②"飞行任务规定的要求能否达到?"若回答"是",则进入第③步;回答"否",则评分为 7～9 分,继续细分情形确定最终分值。

③"为达到飞行任务规定的要求,系统是否需要做出某些调整?"若回答"是",则评分为

4~6分,继续细分情形确定最终分值。若回答"否",则评分为1~3分,继续细分情形确定最终分值。

Cooper-Harper量表将航空器适飞性能划分为10级分支,即把飞机驾驶的难易程度分为10个等级(1代表优秀,10代表严重不足)。飞机驾驶员在驾驶飞机之后,根据自己的感觉,对照各种困难程度的定义,给出自己对这种飞机的评价。10级含义如表3-8所列。

表3-8 Cooper-Harper量表等级含义

飞机的特性	对驾驶员的要求	评价等级
优异,人们所希望的	工作负荷不是在驾驶中应考虑的	1
良好,有可忽略的缺陷	工作负荷不是在驾驶中应考虑的	2
尚可,有轻度缺陷	为驾驶飞机需要少量的努力	3
微小但令人不愉快的缺陷	需要驾驶员一定程度的努力	4
中等缺陷	为了达到要求需要相当大的努力	5
很讨厌但可容忍的缺陷	为达到合格的驾驶需要非常大的努力	6
严重的缺陷	为达到合格的驾驶,需要驾驶员最大的努力,飞机是否可控不是问题	7
严重的缺陷	为控制飞机需要相当大的努力	8
严重的缺陷	为控制飞机需要非常大的努力	9
严重的缺陷	若不改进,则飞机驾驶时可能失控	10

从Cooper-Harper量表的结构形式看,飞行员必须首先经历"是/否"决策,才能开始打分过程。即使用Cooper-Harper量表时,飞行员评估的第一阶段是决策选择,第二阶段是顺着决策后的路径完成细化打分。这3层决策各有规定,不可跨越和更改。若撇开决策树,直接给出分数,或者打破3层决策层递进关系,则意味着量表使用者可能无视Cooper-Harper量表立足于飞机可控性、工作负荷与绩效、飞行员满意度这3个内在核心和重点,忽略这3个考核点在量表作者心中的层次提升关系,增加了飞行员简单地依靠个人喜好或单一尺度做出10分制评定的意外风险。Cooper和Harper在1985年再次详解Cooper-Harper量表时,也指出量表结构中的"决策树"未能引起人们充分注意是一个现实存在的问题,强调量表中的决策选择是获得有意义、可信赖、可重复的评价数据的基本法则,随意简化或实施不规范的测量,会使数据丧失说服力。

Cooper-Harper量表的打分部分,必须严格对应各评价等级的含义描述。这些含义描述既承接了决策树选择的逻辑步骤,也考虑了飞机特性和对飞行员的要求,规定了各等级之间的距离。例如,在7、8、9分中选择时,必须想着飞机可控性,再斟酌可控条件下的飞行员补偿程度;在4、5、6分中选择时,必须想着飞机性能绩效,再斟酌飞行员需要付出的补偿程度;在1、2、3分中选择时,必须想着飞行员对飞行品质不加改进也是满意的,优、好、良是对这种满意的细分。

一些研究者为了加大Cooper-Harper量表的应用范围,对Cooper-Harper量表做了修订,例如Wierwille和Casali提出的修订版。修订版Cooper-Harper量表用于缺乏基本动力和精神动力任务的情况,对航空操作非常重要的认知能力进行评价,如对感知、监控、评估、沟通以及解决问题等的评价。修订版仍采用决策树的形式,评价值为1~10,如图3-7所示。修订版量表改变了分级定义,如表3-9所列。在评价过程中,修订版更多地要求飞行员评价脑力负荷而非可操作性或控制能力,重点关注面临的困难而非自身不足或缺陷。因此,修订版 Cooper - Harper 量表更适用于评价总脑力负荷的试验情况。

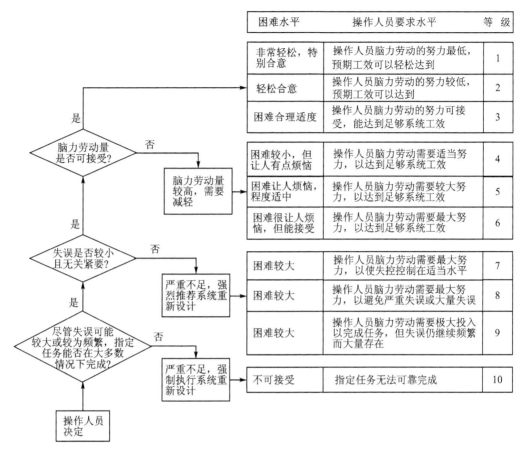

图 3 - 7　改进的 Cooper - Harper 量表

表 3 - 9　改进的 Cooper - Harper 量表分级定义

可接受	满意	很好	1
		好	2
	不满意	可使用	3
		可使用	4
		欠缺	5
		差	6
不可接受		差	7
		极差	8
失败		无用	9
		失败	10

下面是一个使用 Cooper - Harper 量表评价飞行员脑力负荷的例子。

刘宝善结合我国的具体情况,验证了"库柏-哈柏"(Cooper - Harper)方法在脑力负荷评价中的适用性和准确性,以进一步探讨研究脑力负荷的评价方法。依据"库柏-哈柏"方法,设计出《飞机驾驶性能主观评价调查问卷》,对飞过歼 A 和歼 B 飞机的 144 名飞行员进行调查。对调查的评价等级进行 2×4 表和 4 格表卡方检验分析。结果表明,歼 A 飞机的驾驶性能为 5～6 级趋向于 6 级,即飞机的驾驶性能存在重度的不足,为了达到飞行大纲的要求,飞行时需要付出非常大的努力;歼 B 飞机的驾驶性能为 5～6 级趋向于 5 级,即飞机的驾驶性能存在中等程度的不足,为了达到飞行大纲的要求,飞行时需要付出相当大的努力。得出结论,问卷调查结果与歼 A、歼 B 飞机存在的问题相符,加之主观评价法使用方便和不干扰受试者工作等优点,"库柏-哈柏"方法在脑力负荷评价中是适用的和准确的(刘宝善,1997)。

1. 对　象

驾驶过歼 A 和歼 B 两种飞机的飞行员 144 名。年龄范围为 24～46 岁。飞行时间:歼 A 100～2 500 h;歼 B 10～1 100 h。飞行技术均属优、良等级;身体、心理状况健康,飞行合格。

2. 方　法

"库柏-哈柏"方法是评价飞机驾驶难易程度的一种图表式主观方法。它把飞机驾驶的难易程度分为 10 个等级,飞行员根据自己驾驶飞机的经验和感觉,对照各种困难程度的定义,做出自己对该种飞机性能的评价。

依据该方法的基本原理,笔者设计了本研究的调查问卷。与原方法相比,不同之处主要有以下两点:其一,评价的 10 个等级定义更明确,每两个邻近等级均有台阶式的差别,便于受试者掌握;其二,为了统一评价标准,确定了统一的飞行课目,即均以双 180°大航线仪表飞行课目为评价标准。

3. 结　果

(1) 评价等级分布

144 名受试者对歼 A 和歼 B 飞机驾驶难易程度评价等级分布结果,见表 3 - 10。

表 3 - 10　歼 A 和歼 B 飞机驾驶性能评价等级分布

歼 A>歼 B		歼 A=歼 B		歼 A<歼 B	
等　级	例　数	等　级	例　数	等　级	例　数
5/4	17	4/4	7	4/5	4
6/4	4	5/5	13	5/6	4
6/5	57	6/6	6	6/7	1
7/5	3	7/7	2		
7/6	26				
合计	107		28		9

从表 3 - 10 的结果可以看出,评价歼 A 飞机的驾驶性能等级高于歼 B 飞机的为 107 例,占受试者总数的 74.3%。由此可以得出这样的结论:歼 A 飞机的驾驶性能明显差于歼 B 飞机。

(2) 评价结果的统计分析

用行×列表的卡方检验,对问卷调查结果进行统计分析(见表 3 - 11)。$i^2 = 57.6, P < 0.01$。提示歼 A、歼 B 飞机驾驶性能评价等级构成比有非常显著的差异。再从构成比看,两种飞机驾驶性能的评价等级均以 5 级和 6 级居多,即集中在这两个等级上。其中:歼 A 飞机 5 级和

6 级共 102 例,占 70.8%;歼 B 飞机 5 级和 6 级共 113 例,占 78.5%。这样的局部构成比是否仍然具有非常显著的差异呢?用 4 格表的卡方检验再进行一次统计分析,$i^2 = 26.01$,$P < 0.01$。局部构成的资料见表 3-12。提示歼 A、歼 B 飞机驾驶性能评价为五级、六级构成比有非常显著的差异,其构成特点是:歼 A 飞机 5 级少,6 级多(6 级比 5 级多一倍);歼 B 飞机 5 级多,6 级少(5 级比 6 级多一倍多)。

表 3-11　歼 A、歼 B 飞机驾驶性能评价等级构成比较

机　种	评价等级(例数)				
	4 级	5 级	6 级	7 级	合　计
歼 A	11	34	68	31	144
歼 B	28	77	36	3	144
合计	39	111	104	34	288

表 3-12　歼 A、歼 B 飞机驾驶性能评价为 5 级、6 级构成比较

机　种	评价等级例数		
	5 级	6 级	合　计
歼 A	34	68	102
歼 B	77	36	113
合计	111	104	215

从以上统计分析结果不难看出:歼 A 飞机的驾驶性能为 5~6 级趋向于 6 级,即飞机的驾驶性能存在重度的不足,为了达到飞行大纲的要求,飞行时需要付出非常大的努力;歼 B 飞机的驾驶性能为 5~6 级趋向于 5 级,即飞机的驾驶性能存在中等程度的不足,为了达到飞行大纲的要求,飞行时需要付出相当大的努力。

4. 讨　论

(1) 适用性和准确性检验

由于本研究的目的在于验证"库柏-哈柏"方法在脑力负荷评价中的适用性和准确性,那么首先要看本研究的结果和结论与客观事实是否相符。为了进行这一检验,问卷除了让飞行员对两种飞机的驾驶性能评出等级外,还要求飞行员写出两种飞机存在的具体问题。归纳问卷中所反映的问题,与问卷中的定义相对照,歼 A 飞机驾驶性能应评为 6 级,歼 B 飞机驾驶性能应评为 5 级,与本研究的结论是相符的。说明该评价方法用于飞行员脑力负荷的评价是适用的和准确的。

(2) 适用性和准确性的理论依据

主观评价的理论基础或基本假定是:操作人员能够较精确地报告他们信息处理系统被占用的程度。1977 年,北大西洋公约组织的科学家们召开的脑力负荷学术会议上,一些与会心理学家们甚至宣称:"如果操作人员认为他们的脑力负荷很高了,就说明这项任务的脑力负荷已经很高了,不管其他的有关指标是怎样的"。

主观评价法的最大优点是使用方便。使用主观评价法几乎不需要仪器设备,只需要纸和笔。对用主观评价法得到的数据,进行分析也比较容易。同时,主观评价法也容易被操作人员了解和掌握。另外一个优点是它对操作人员所进行的工作没有干扰,因为它是在操作人员完

成工作之后进行的,容易被接受。

主观评价法也有严重的缺陷。首先,主观评价是操作人员对某项工作的感觉,而这种感觉不一定完全是脑力负荷。其次,主观评价取决于操作人员的合作,因此主观评价的差异一般较大,需要取得操作人员配合的同时,加大样本量。尽管主观评价法有上述明显的缺点,但到目前为止,相对于其他测量脑力负荷的方法,它是最可靠的一种(Jex,1988)。

3.4 Bedford 量表

Bedford 量表全称为 Bedford Workload Rating Scale(贝德福德工作负荷评定量表),最初产生于英格兰贝德福德的英国皇家航空研究院,是对 Cooper - Harper 量表的改进,也是采用决策树评级和 3 级体系的方法来询问飞行员能否完成任务、工作负荷能否忍受、工作负荷在不减少情况下是否令人满意。Bedford 量表等级范围划分为由一端的"无关紧要工作"至另一端的"可放弃任务"。该量表创新性地要求飞行员运用可预计的余力评价工作负荷的水平。Bedford 量表操作相对容易,飞行员也乐于接受。这一方法如图 3 - 8 所示。

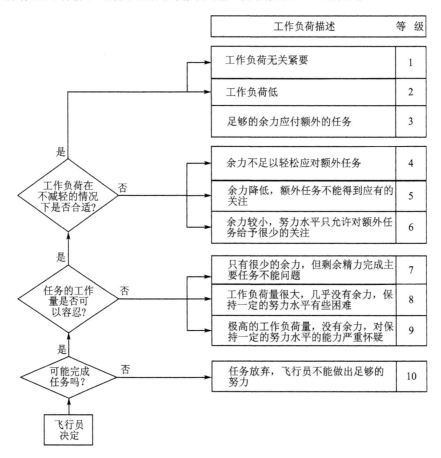

图 3 - 8 Bedford 量表

郭小朝等对 Cooper - Harper 量表及其变体 Bedford 量表等的特点进行了对比,见表 3 - 13(郭小朝等,2018)。

表 3 – 13　Cooper – Harper 量表及其变体 Bedford 量表的主要特点

Cooper – Harper 量表及其变体	决策点(Y/N)	评价等级	飞行员打分
Cooper – Harper 量表	—	1 级	1～3
	满意度	2 级	4～6
	性能绩效	3 级	7～9
	可控性	4 级	10
修订版 Cooper – Harper 或 Bedford 量表	—	1 级	1～3
	工作负荷满意度	2 级	4～6
	工作负荷耐受性	3 级	7～9
	完成任务可能性	4 级	10
修订版 Cooper – Harper 无人机显示评估量表	任务绩效	1 级	1～2
	综合决策	2 级	3～5
	信息分析	3 级	6～8
	信息获取	4 级	9～10
螺旋改出评定量表	—		1～2
	期望的性能绩效		3
	适度的性能绩效		4～6
直升机着舰界面飞行员 工作负荷量表	达到极限	可接受	1～3
	保持安全	不可接受	4
	成功机动	不可接受	5

Bedford 量表汲取了 Cooper – Harper 量表的设计精髓,先根据决策树做出二选一的综合判断,再根据细化定义进行打分。决策树中共有 3 个决策点,即完成任务可能性、工作负荷耐受性、工作负荷满意度,这 3 个决策点将飞行员工作负荷划分为 4 个等级。在打分环节,最高分 10 分相当于量表的起点,表示工作负荷最差的状况(任务放弃)。在打分等级的具体含义描述中,取消了 Cooper – Harper 量表中有关飞机特性的分类描述,并完全改写了各等级分值下对飞行员剩余精力和额外任务的具体要求。因此,Bedford 量表是借鉴 Cooper – Harper 量表理念精髓建立的,但在决策点内容和等级分值具体定义上已完全不同于 Cooper – Harper 量表。

1986 年 7 月至 1989 年 2 月,美国空军为推进军机适航性审查工作,联合 FAA 针对 FAR25.1523"最小飞行机组"开展了机组工作负荷的测量方法、技术和规程研究,对 7 种主观评定方法、9 类生理测量指标、9 类绩效任务指标等多种测量技术做了综合分析和实验比较。研究结果发现,Bedford 量表是度量飞行员工作负荷的一个良好的工具。

下面的例子采用 Bedford 量表、SWAT 量表、NASA – TLX 量表、Overall 工作负荷量表、心电测量相结合的方法,对不同飞行任务下不同飞行阶段的飞行工作负荷进行了测量评估,研究了飞行环境对飞行员工作负荷的影响。大多数飞行工作负荷研究工作都是在模拟飞行环境下进行的,因为真机飞行成本高,并会对飞行安全产生影响。但是真机飞行环境和模拟飞行环境下进行飞行工作负荷实验,存在一定的相同点和不同点,模拟飞行能非常逼真地模拟飞行任务和视野环境,但是对飞行员的心理产生不同的压力环境。模拟飞行与真机飞行环境下工作负荷的对比分析可为模拟飞行环境下的工作负荷研究提供参考。本研究目的是通过模拟飞行环境下和真机飞行环境下,工作负荷的测量研究结果的对比分析,以找到真机飞行环境对工作负荷的研究的影响。研究中共包含 4 个飞行任务,其中 3 个不同工作负荷的模拟飞行任务为正常起落、备用仪表、发动机失效,另一个为正常起落的真机飞行任务。

1. 飞行任务

根据飞行环境与飞行任务将飞行科目分为 4 种飞行任务,其中 3 种为模拟飞行模型下的 3 个不同飞行科目:①低飞行工作负荷(正常起落飞行),如图 3-9 所示;②中等飞行工作负荷(断电情况,爬升阶段开始飞机断电,使用备用仪表飞行);③高飞行工作负荷(空中发动机停车,在开始下降时发生停车状况)。第 4 个飞行任务为真机低飞行工作负荷(正常起落飞行)。每个飞行任务都分为起飞、爬升、巡航、下降、进近、着陆,但由于发动机停车发生在下降开始阶段,发动机停车后,飞机直接由下降阶段变为进近阶段,所以该飞行任务下并没有下降阶段。

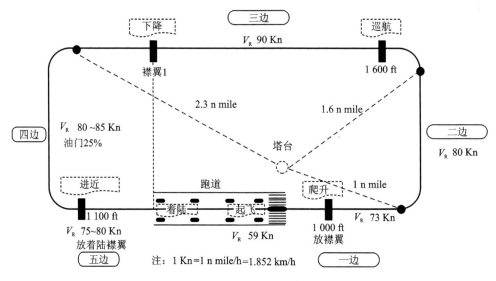

图 3-9　飞行任务示意图

2. 被试者

共有 15 名年轻飞行员作为实验被试者,他们都是中国民航大学朝阳飞行学院的大四学生,真机飞行时间在 200 h 左右,飞行训练的飞行机型为 DA42。所有被试者在实验前都填写实验知情同意书。

3. 实验设备

心电设备:由奥地利 SCHUHFRIEDF 公司生产的 Biofeedback2000x 生物反馈系统。该设备的数据采集模块主要的优点就是体积小巧,携带方便,只需一个小夹子就可以将其安置与被试者身上。同时该设备同时配有 Biofeedback2000 分析软件。

飞行器:DA42 模拟飞行器,能真实模拟 DA42 飞机飞行过程界面和飞行场景;DA42 公务机,真机。

4. 测量参数

(1)测量参数

生理指标:可反映工作负荷的指标有 RR(ms)、SI、HRV、SDNN(ms)、pSDNN(%)、

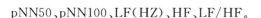

pNN50、pNN100、LF(HZ)、HF、LF/HF。

主观评价：NASA - TLX 量表、SWAT 量表、Bedford 负荷量表、Overall 工作负荷量表。

（2）数据分析

该实验的数据分析主要分为两部分：一部分是不同工作负荷指标用于工作负荷测量的有效性和敏感性分析；第二部分是对不同飞行任务下，各指标值之间的差异性分析，主要是对模拟飞行与真机飞行下的差异性进行分析。

1）各测量指标用于工作负荷测量的检测

采用 F 检验对同一任务下，同一指标在不同飞行阶段下的值进行显著性分析（ANO-VA），以验证作为工作负荷测量指标的敏感性分析指标；采用 Pearson 相关系数对同一任务下不同指标进行相关性检验。

2）不同飞行环境任务的对比分析

采用单因变量多因素方差分析（UNIANOVA）对各工作负荷指标是否受飞行任务种类和飞行阶段的影响进行方差分析。采用线性回归的方式对不同种类飞行任务下的工作负荷进行相关性分析，并得到他们之间的线性关系。

所有的数据处理都是专业数据处理软件 SPSS 中进行处理分析。

5. 实验流程

共有 15 名飞行员被试者，其中 12 名进行模拟器上的 3 种飞行科目，另 3 名进行真机飞行。由于心电设备只有一台，所以一次只能进行一个实验，所有实验以顺序关系进行并完成。每次实验都按以下程序进行：

① 首先给被试者介绍飞行任务，然后介绍量表的意义和填写方式。

② 然后让被试者进行练习至少 2 次以上，当熟练掌握了飞行任务要求后，即可开始正式实验。

③ 在可以开始正式实验之前，给被试者配带心电设备，并进行调节，并记录 1 min 的自然状态下的心电数据。

④ 开始实验，由被试者发出开始指令，听到指令后实验人员立即开启心电仪，飞行各阶段开始的参数指示进行各个阶段的开始和结束，由实验人员通知被试者实验结束，并结束心电仪的记录。

实验结束后，让被试者进行基于 3 个飞行阶段进行 Bedford 量表、SWAT 量表、NASA - TLX 量表、Overall 工作负荷量表工作负荷主观评价工作。

6. 数据处理

该实验的数据分析主要分为两部分：一部分是不同工作负荷指标用于工作负荷测量的有效性和敏感性分析；第二部分是对不同飞行任务下，各指标值之间的差异性分析，主要是对模拟飞行与真飞行下的差异性进行分析。

（1）各测量指标用于工作负荷测量的检测

采用 F 检验对同一任务下，同一指标在不同飞行阶段下的值进行显著性分析（ANO-VA），以验证作为工作负荷测量指标的敏感性分析指标；采用 Pearson 相关系数对同一任务下不同指标进行相关性检验。

（2）不同飞行环境任务的对比分析

采用单因变量多因素方差分析（UNIANOVA）对各工作负荷指标是否受飞行任务种类和

飞行阶段的影响进行方差分析。采用线性回归的方式对不同种类飞行任务下的工作负荷进行相关性分析,并得到他们之间的线性关系。所有的数据处理都是专业数据处理软件 SPSS 中进行处理分析。

7. 结　果

（1）测量指标之间的相关性分析

如表 3-14～表 3-16 所列,3 种模拟飞行任务下,正常起落,备用仪表、发动机失效,主观评价负荷值之间都存在相关性,在 0.01 水平(双侧)上显著相关都较高($r>0.950$),而心电指标并没有随着飞行任务种类的改变而改变,各指标之间,以及与主观评价值之间均没有较强的相关性。3 个不同任务下,心电指标偶尔与其中一个其他指标存在相关性,但这种相关性并不存在规律性和稳定性。

而在真机环境下,工作负荷主观评价指标与心电指标两两之间都存在较强的相关性,在 0.01 水平(双侧)上显著相关都较高($r>0.950$),如表 3-17 所列。其中所有主观评价值与 HRV、SDNN(ms)、PSDNN(%)和 PNN50 这 4 个指标相互之间存在正相关,而 SI、LF、HF 和 LF/HF 与其他负荷指标存在负相关。

（2）指标测量显著性分析

从相关性分析的结果表明,在模拟飞行任务下心电指标并没有出现很强的相关性。同时由于不同人的生理指标会存在显著差异性,所以本研究只对主观评价进行了差异显著性分析。

采用 ANOVA 对在同一飞行任务下,同一测量指标,不同飞行阶段下的测量显著性分析。分析结果表明:

① 在模拟飞行(正常起落)任务下,NASA-TLX 工作负荷主观评价值在各个飞行阶段下存在显著差异性($F(5,65)=9.534,P<0.05$);SWAT 工作负荷主观评价值在各个飞行阶段下存在显著差异性($F(5,65)=16.426,P<0.05$);Bedford 工作负荷主观评价值在各个飞行阶段下存在显著差异性($F(5,65)=16.087,P<0.05$);Overall 工作负荷主观评价值在各个飞行阶段下存在显著差异性($F(5,65)=12.923,P<0.05$)。

② 在模拟飞行(备用仪表)任务下,NASA-TLX 工作负荷主观评价值在各个飞行阶段下存在显著差异性($F(5,65)=11.246,P<0.05$);SWAT 工作负荷主观评价值在各个飞行阶段下存在显著差异性($F(5,65)=4.866,P<0.05$);Bedford 工作负荷主观评价值在各个飞行阶段下存在显著差异性($F(5,65)=8.895,P<0.05$);Overall 工作负荷主观评价值在各个飞行阶段下存在显著差异性($F(5,65)=12.923,P<0.05$)。

③ 在模拟飞行(发动机失效)任务下,NASA-TLX 工作负荷主观评价值在各个飞行阶段下存在显著差异性($F(4,54)=3.264,P=0.025<0.05$);SWAT 工作负荷主观评价值在各个飞行阶段下存在显著差异性($F(4,54)=6.726,P=0.001<0.05$);Bedford 工作负荷主观评价值在各个飞行阶段下存在显著差异性($F(4,54)=12.951,P<0.05$);Overall 工作负荷主观评价值在各个飞行阶段下存在显著差异性($F(4,54)=7.474,P<0.05$)。

④ 在真机飞行任务下,NASA-TLX 工作负荷主观评价值在各个飞行阶段下存在显著差异性($F(2,14)=15.915,P<0.05$);SWAT 工作负荷主观评价值在各个飞行阶段下存在显著差异性($F(2,14)=8.256,P=0.001<0.05$);Bedford 工作负荷主观评价值在各个飞行阶段下存在显著差异性($F(2,14)=12.903,P<0.05$);Overall 工作负荷主观评价值在各个飞行阶段下存在显著差异性($F(2,14)=6.033,P<0.05$)。

表 3-14　正常起落飞行（模拟飞行）任务下各测量指标的相关性分析

测量指标		NASA-TLX	Bedford	Overall	SWAT	SI	HRV	SDNN/ms	PSDNN/%	PNN50	LF	HF	LF/HF
NASA-TLX	相关性系数	1	0.985**	0.967**	0.976**	0.122	-0.132	-0.290	0.392	0.032	-0.327	0.509	-0.012
	显著性		0.002	0.007	0.004	0.845	0.833	0.636	0.514	0.960	0.591	0.382	0.985
Bedford	相关性系数		1	0.969**	0.941*	0.052	-0.088	-0.167	0.431	0.077	-0.410	0.378	-0.042
	显著性			0.007	0.017	0.934	0.888	0.789	0.469	0.902	0.493	0.531	0.946
Overall	相关性系数			1	0.898*	0.128	-0232	-0.289	0.293	-0.107	-0.405	0.312	0.171
	显著性				0.038	0.837	0.708	0.637	0.632	0.864	0.499	0.609	0.783
SWAT	相关性系数				1	0.037	0.010	-0.255	0.503	0.175	-0.324	0.658	-0.170
	显著性					0.953	0.987	0.679	0.388	0.779	0.595	0.228	0.785
SI	相关性系数					1	-0.929*	-0.887*	-0.815	-0.841	0.819	0.176	0.693
	显著性						0.023	0.045	0.093	0.074	0.090	0.777	0.195
HRV	相关性系数						1	0.836	0.859	0.967**	-0.613	0.079	-0.899*
	显著性							0.078	0.062	0.007	0.272	0.900	0.038
SONN/ms	相关性系数							1	0.648	0.783	-0.655	-0.450	-0.680
	显著性								0.237	0.117	0.230	0.447	0.207
PSDNN/%	相关性系数								1	0.908*	-0.768	0.292	-0.825
	显著性									0.033	0.129	0.633	0.085
PNN50	相关性系数									1	-0.559	0.203	-0.970**
	显著性										0.328	0.743	0.006
LF	相关性系数										1	0.209	0353
	显著性											0.736	0.561
HF	相关性系数											1	-0.316
	显著性												0.605
LF/HF	相关性系数												1
	显著性												

注：* 表示相关性显著水平在 0.05；

** 表示相关性显著水平在 0.01。

飞行员工作负荷

表 3 - 15 备用仪表飞行（模拟飞行）任务下各测量指标的相关性分析

测量指标		NASA-TLX	Bedford	Overall	SWAT	SI	HRV	SDNN/ms	PSDNN/%	PNN50	LF	HF	LF/HF
NASA-TLX	相关性系数	1	0.988**	0.988**	0.959**	0.735	-0.202	-0.627	-0.533	-0.791	0.267	0.658	-0.536
	显著性		0.000	0.000	0.003	0.096	0.701	0.183	0.277	0.061	0.609	0.155	0.273
Bedford	相关性系数		1	0.998**	0.960**	0.693	-0.118	-0.563	-0.457	-0.785	0.266	0.705	-0.531
	显著性			0.000	0.002	0.127	0.824	0.245	0.363	0.064	0.610	0.118	0.278
Overall	相关性系数			1	0.946**	0.664	-0.082	-0.530	-0.444	-0.746	0.223	0.680	-0.520
	显著性				0.004	0.150	0.878	0.280	0.378	0.089	0.671	0.137	0.290
SWAT	相关性系数				1	0.856*	-0.335	-0.717	-0.554	-0.901*	0.410	0.668	-0.402
	显著性					0.030	0.516	0.109	0.254	0.014	0.420	0.147	0.430
SI	相关性系数					1	-0.761	-0.942**	-0.782	-0.908*	0.671	0.532	-0.225
	显著性						0.079	0.005	0.066	0.012	0.144	0.277	0.668
HRV	相关性系数						1	0.885*	0.828*	0.561	-0.789	-0.272	0.113
	显著性							0.019	0.042	0.246	0.062	0.602	0.831
SONN/ms	相关性系数							1	0.902*	0.836*	-0.793	-0.584	0.394
	显著性								0.014	0.038	0.060	0.224	0.439
PSDNN/%	相关性系数								1	0.569	-0.784	-0.573	0.430
	显著性									0.239	0.065	0.234	0.395
PNN50	相关性系数									1	0.589	-0.657	0.411
	显著性										0.219	0.156	0.418
LF	相关性系数										1	0.709	-0.373
	显著性											0.115	0.467
HF	相关性系数											1	-0.782
	显著性												0.066
LF/HF	相关性系数												1
	显著性												

注：* 表示相关性显著水平在 0.05；
** 表示相关性显著水平在 0.01。

表 3-16　发动机停车飞行（模拟飞行）任务下各测量指标的相关性分析

测量指标		NASA-TLX	Bedford	Overall	SWAT	SI	HRV	SDNN/ms	PSDNN/%	PNN50	LF	HF	LF/HF
NASA-TLX	相关系数	1	0.954**	0.907**	0.990**	0.705	-0.052	-0.218	0.936**	-0.931**	-0.002	-0.589	0.971**
	显著性		0.003	0.013	0.000	0.117	0.921	0.678	0.006	0.007	0.997	0.218	0.001
Bedford	相关系数		1	0.989**	0.938**	0.857*	-0.274	-0.405	0.885*	-0.962**	-0.197	-0.655	0.907*
	显著性			0.000	0.006	0.029	0.600	0.426	0.019	0.002	0.708	0.158	0.013
Overall	相关系数			1	0.883*	0.887*	-0.379	-0.463	0.820*	-0.940**	-0.253	-0.616	0.842*
	显著性				0.020	0.018	0.459	0.356	0.046	0.005	0.629	0.193	0.036
SWAT	相关系数				1	0.701	0.055	-0.131	0.959**	-0.898*	-0.079	-0.673	0.987**
	显著性					0.121	0.918	0.805	0.003	0.015	0.881	0.143	0.000
SI	相关系数					1	-0.436	-0.427	0.753	-0.848*	-0.587	-0.691	0.711
	显著性						0.387	0.398	0.084	0.033	0.221	0.129	0.113
HRV	相关系数						1	0.860*	0.101	0.341	0.053	-0.182	0.104
	显著性							0.028	0.848	0.508	0.921	0.730	0.844
SONN/ms	相关系数							1	-0.061	0.474	-0.069	0.087	-0.078
	显著性								0.908	0.342	0.897	0.869	0.883
PSDNN/%	相关系数								1	-0.891*	-0.200	-0.732	0.990**
	显著性									0.017	0.704	0.098	0.000
PNN50	相关系数									1	0.098	0.575	-0.896*
	显著性										0.853	0.233	0.016
LF	相关系数										1	0.621	-0.113
	显著性											0.189	0.831
HF	相关系数											1	-0.698
	显著性												0.123
LF/HF	相关系数												1
	显著性												

注：* 表示相关性显著水平在 0.05；

** 表示相关性显著水平在 0.01。

表 3-17　发动机停车飞行（真机飞行）任务下各测量指标的相关性分析

工作负荷测量指标		NASA-TLX	Bedford	Overall	SWAT	SI	HRV	SDNN/ms	PSDNN/%	PNN50	LF	HF	LF/HF
NASA-TLX	相关性系数	1	0.915*	0.959**	0.955**	0.812*	-0.950**	-0.831*	-0.956**	-0.955**	0.829*	0.850	0.904*
	显著性		0.011	0.002	0.003	0.050	0.004	0.040	0.003	0.003	0.041	0.032	0.013
Bedford	相关性系数		1	0.970**	0.958**	0.937**	-0.935**	-0.813*	-0.818*	-0.914*	0.718	0.955**	0.920**
	显著性			0.001	0.003	0.006	0.006	0.049	0.047	0.011	0.108	0.003	0.009
Overall	相关性系数			1	0.973**	0.890*	-0.921**	-0.842*	-0.861*	-0.912*	0.737	0.945**	0.885**
	显著性				0.001	0.018	0.009	0.035	0.028	0.011	0.095	0.004	0.019
SWAT	相关性系数				1	0.810	-0.922**	-0.724	-0.840*	-0.883*	0.662	0.880*	0.852*
	显著性					0.051	0.009	0.104	0.037	0.020	0.152	0.021	0.031
SI	相关性系数					1	-0.879*	-0.883*	-0.755	-0.895**	0.764	0.965**	0.932**
	显著性						0.021	0.020	0.083	0.016	0.077	0.002	0.007
HRV	相关性系数						1	0.779	0.892*	0.981**	-0.794	-0.891*	-0.979**
	显著性							0.068	0.017	0.001	0.059	0.017	0.001
SONN/ms	相关性系数							1	0.874*	0.871	-0.926**	-0.825*	-0.840*
	显著性								0.023	0.024	0.008	0.043	0.036
PSDNN/%	相关性系数								1	0.944**	-0.943**	-0.732	-0.879*
	显著性									0.005	0.005	0.098	0.021
PNN50	相关性系数									1	-0.839*	-0.877*	-0.985**
	显著性										0.016	0.022	0.000
LF	相关性系数										1	0.668	0.848*
	显著性											0.147	0.033
HF	相关性系数											1	0.899*
	显著性												0.015
LF/HF	相关性系数												1
	显著性												

注：* 表示相关性显著水平在 0.05；

＊＊表示相关性显著水平在 0.01。

（3）不同飞行环境下飞行工作负荷的对比分析

1）差异显著性分析

由于飞行实验中，有多种变量，如飞行任务、飞行阶段，采用因变量多因素方差分析（UNIANOVA）检验多种因素对工作负荷测量值的影响。首先将所有被试者在同一飞行任务、同一飞行阶段、同一测量指标的值进行平均处理，然后进行因变量多因素方差分析（UNIANOVA）。在 GLM 单变量环境下，分别将 Overall、SWAT、Bedford、NASA - TLX 设置为因变量，飞行任务和飞行阶段设置为固定因子。

从两个主效应的 F 检验结果的 P 值，$P < 0.05$，由此得出任务种类和飞行阶段对因变量工作负荷在 0.05 水平上是有显著性差异的，如表 3 - 18 所列。

表 3 - 18　工作负荷主观评价值下两两任务对比分析表

NASA - TLX	飞行阶段							自由度	相关系数	t	显著性（P 值）
	起飞	爬升	巡航	下降	进近	着陆	平均				
备用仪表（模拟飞行）vs 正常起落（模拟飞行）	0.73	0.71	1.01	2.01	1.04	1.69	1.20	5	0.968	5.522	0.003
发动机停车（模拟飞行）vs 正常起落（模拟飞行）	2.18	1.93	2.02	—	2.29	2.40	2.16	5	0.999	25.298	0.000
正常起落（真机飞行）vs 正常起落（模拟飞行）	4.15	4.17	2.53	4.56	3.34	3.11	3.64	5	0.913	11.564	0.000

2）值的差异性比较

低负荷的飞行模拟环境中，ECG 指标和飞行负荷间不存在关联（见表 3 - 14）。在中等负荷的飞行模拟环境中，ECG 指标（SI，PNN50）和主观评估间存在关联关系（见表 3 - 15）。表 3 - 16 中显示 5 个 ECG 指标与主观评估相关；表 3 - 17 中显示 8 个 ECG 指标与主观评估相关。

图 3 - 10（a）～（d）中显示不同飞行任务和飞行阶段下，NASA - TLX、SWAT、Bedford 和整体主观评估方法的负荷值。主观评估结果显示 NASA - TLX 量表可明显区分 4 种不同任务下的负荷，并且实际飞行任务中的负荷高于模拟飞行任务的负荷。SWAT、Bedford 和整体工作负荷的负荷评估方法，清楚地显示实际飞行环境中的负荷最高，但不能明显地区分模拟飞行任务的负荷。

表 3 - 18 显示了 3 个飞行任务，即中等负荷（备用仪表）、高负荷（发动机失效）和真实飞行任务（正常起落）与低负荷（模拟环境中的正常起落）的 NASA - TLX 主观评价数值差异。也就是说，电源故障（模拟飞行）VS 正常巡航（模拟飞行）、引擎故障（模拟飞行）VS 正常巡航（模拟飞行）、正常巡航（实际飞行）VS 正常巡航（模拟飞行）。它们之间的 t 检验值也在表 3 - 18 中显示。

3 个飞行任务与低负荷模拟飞行任务之间的工作负荷差值表明，备用仪表（模拟飞行）与正常起落（模拟飞行）的平均差异值大约为 1.2；发动机失效（模拟飞行）与正常起落（模拟飞行）的平均差异值为 2.2；正常起落（真实飞行）与正常起落（模拟飞行）的平均差异值为 3.6。对比分析同一阶段不同飞行任务下的不同值发现，不同飞行任务间存在大的差异，并且差异值一样，但在巡航阶段在不同飞行任务中差异值不大。

根据 t 检验的结果，备用仪表（模拟飞行）和正常起落（模拟飞行）之间、发动机失效（模拟飞行)和正常起落(模拟飞行)之间、正常起落(真实飞行)和正常起落(模拟飞行)之间有很高的相关性,它们之间存在线性关系($P<0.05$)。飞行任备中备用仪表、发动机失效和真实飞行的飞行任务下的飞行负荷,均明显高于正常起落(模拟飞行)中的飞行任务负荷。

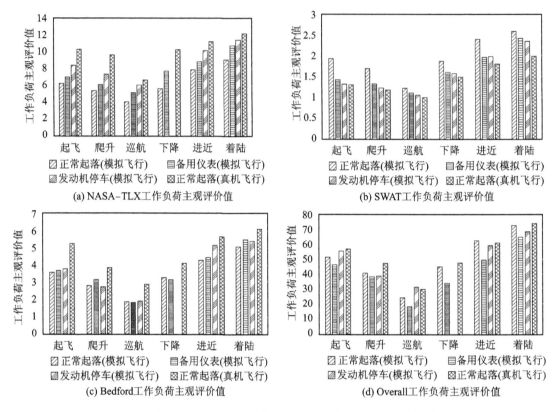

(a) NASA-TLX工作负荷主观评价值   (b) SWAT工作负荷主观评价值

(c) Bedford工作负荷主观评价值   (d) Overall工作负荷主观评价值

图3-10 不同飞行任务下各主观评价工作负荷值比较示意图

3) 系数分析

通过以上对多种主观评价方法的分析可知,NASA-TLX能敏感地评估出不同飞行任务和不同飞行环境下飞行工作负荷的差异。所以这里将采用 NASA-TLX 主观评价得到的模拟飞行正常起落任务及真机飞行正常起落任务的任务分析,用两个任务下工作负荷的比值作为真机飞行环境对飞行工作负荷的影响因素,如表3-19所列。

表3-19 不同飞行任务下的系数分析

主观评价方法	真机飞行	模拟器-正常起落	比 例
	10.42	6.27	1.66
	9.67	5.50	1.76
	6.67	4.13	1.61
NASA - TLX	10.29	5.73	1.80
	11.21	7.87	1.42
	12.21	9.10	1.34
系数			1.60

8. 分析与讨论

在本研究中得到在模拟飞行环境下心电指标对工作负荷的反应敏感性很差,在不同的飞行任务下,偶尔出现一两个心电指标与主观评价指标出现相关性。而产生这种结果的原因可能有:一是模拟器的仿真程度,本模拟器飞行实验的飞行模拟器在界面和操作上与真实飞行没有区别,但它没有立体感,让飞行员始终知道自己处于模拟飞行状态,从心里上无法达到真实飞行的状态;二是飞行员被试者的选择上,本实验的飞行员都是刚拿到飞行驾照的新手飞行员,飞过的飞机机型也只有 DA42 和 C90 两种小型公务机;三是飞行实验的飞机机型为 DA42 公务机,飞机界面相对于 B737 和 A320 等商用飞机来说较简单,飞行操作也较简单,所有正常飞行情况下的飞行员工作负荷较低,尤其是在与真实飞行环境相比时。

本文研究结果发现,在真实的飞行环境下,NASA - TLX、Bedford、SWAT、Overall 和心电指标(SI、HRV、SDNN(ms)、PSDNN(％)、PNN50、LF、HF、LF/HF)等指标都能敏感地反映工作负荷的变化。并且从本研究在模拟飞行任务中 ECG 指标的反应可以看出,在模拟飞行任务下,低负荷模拟飞行下,没有 ECG 指标与主观评价存在相关性;在中等负荷模拟飞行下,有 2 个 ECG 指标(SI、PNN50)与主观评价存在相关性;在高工作负荷飞行下,有 5 个 ECG 指标与主观评价存在相关性;在真机飞行任务下,8 个 ECG 指标与所有的主观评价指标都存在较高的相关性。从 4 个不同工作负荷等级的飞行任务下,ECG 的测量结果分析发明,所以随着工作负荷的增加,逐渐有更多的 ECG 指标可以敏感地反映工作负荷的变化。所以 ECG 在工作负荷很高的情况下,会表现出与工作负荷有越来越强的相关性关系。

本研究的目的是找到模拟环境下和真实环境下飞行工作负荷的差异性,从主观评价结果可以看出真实飞行环境下的工作负荷明显大于模拟飞行环境。由于模拟飞行和真实飞行下的被试者在数量和个体差异上都不同,所以心电指标参数值存在差异性,值的大小不存在比较性,但是从心电参数在不同飞行任务下,对工作负荷的测量的敏感性,心电指标在模拟环境下没有出现规律性,而在真实飞行环境下出现了很强的规律性。所以从主观评价结果和生理测量结果可以看出,真实飞行环境下的工作负荷明显大于模拟环境下的工作负荷。在模拟飞行应急飞行任务下心率指标增加,但是指标的变化远远小于真机飞行。

在模拟飞行环境下,主观评价能敏感地测量工作负荷,并能区分出不同飞行阶段和不同飞行任务的工作负荷大小,而在模拟环境下心电指标却没出现规律性。主观评价的工作负荷,主要是被试者从主观感受出发评价,而心电指标是工作负荷产生的心理压力给被试身体带来的变化。所以在模拟环境下,如果工作负荷下被试者没有感受到紧张,并且没有产生身体上的变化,那么心电指标就并没有随着工作负荷的变化而出现变化。所以心电指标适合在心理紧张程度和心理压力较大的这种工作负荷下进行工作负荷的评价。

9. 小　结

通过 3 种模拟飞行任务(正常起落、备用仪表、发动机停车)和真机飞行(正常起落)共 4 个飞行任务进行工作负荷的的测量实验,实验中结合多种主观评价方法(NASA - TLX、Bedford、SWAT、Overall)和心电指标(SI、HRV、SDNN(ms)、PSDNN(％)、PNN50、LF、HF、LF/HF)。研究的主要目的是得到模拟飞行环境真实飞行环境下工作负荷研究的差异性,为在模拟器上进行工作负荷实验研究提供参考。研究其得到以下结论:

① 所有的主观评价方法都能进行工作负荷的测量,从评价结果上能得到工作负荷在不同飞行任务场景和飞行阶段下的差异。而心电指标只有在负荷较高的任务环境下才能完全体现

出与飞行负荷之间的关系,即在模拟飞行任务下,只有少量指标与其他指标存在相关性,而在真机飞行环境下,心电指标(SI、HRV、SDNN(ms)、PSDNN(%)、PNN50、LF、HF、LF/HF)与所有的主观评价指标都存在较高的相关性。所以心电指标适合在心理紧张程度和心理压力较大的这种工作负荷下进行工作负荷的评价。

② 在 4 种工作负荷主观评价值的对比分析中发现,NASA - TLX 量表评价出来的工作负荷能区别出不同飞行任务种类的工作负荷,而 Bedford、SWAT、Overall 并没有将模拟飞行环境下的工作负荷值的差异明显区别开。但所有的主观评价工作负荷结果都表明,真机环境下的工作负荷明显大于所有模拟环境下飞行任务的工作负荷。

③ 采用测量飞行工作负荷最敏感的主观评价方法 NASA - TLX 主观评价得到的飞行工作负荷值进行飞行环境影响系数的确定,影响因素最后确定为 1.6。

3.5 动态工作负荷量表

动态工作负荷量表由空客公司开发,是另一种多维主观分级方法,被应用于空客飞机的验证。该方法对于飞行员评价采用 5 分量表,而对于观察员采用有重叠的 7 分量表。要求飞行员和观察员基于备用能力、中断和压力等因素确定工作负荷。在任何工作负荷发生改变的情况下,观察员都必须重新评级,或者每 5 min 均进行一次评级。在后一种方法中,观察员向飞行员发送电子信号以提示应当进行评级。动态工作负荷量表如表 3 - 20 所列。

表 3 - 20 动态工作负荷量表

开始评估	试飞员分量表	观察员分量表	分量表描述
工作量是否较轻	是,A	2 较轻;3 轻	工作量水平较低,所有任务很快即可完成
工作量是否适中	是,B	4 非常可接受;5 合理/可接受	工作量水平适中,存在一些任务中断,但有显著的备用能力
工作量是否较大	是,C	6 勉强可接受	工作量水平较高,需要缓解工作负担。频繁的任务中断或显著的脑力劳动
工作量是否过大	是,D	7 长期不能接受	工作量水平过高,长期下去不可接受。错误遗漏可能性很高。持续的任务中断或过多的脑力劳动或过大的压力
工作量是否极大	是,E	8 一刻不能接受	工作量水平极高,短时都不可接受,因为会对体力或脑力造成损害

3.6 PSE 量表

飞行员主观评价(PSE)是主观评价和比较评价方法的结合,由波音公司和 FAA 联合开发,用于对 B767 飞机进行合格审定,亦可扩展应用于其他机型。若使用比较评价,则存在异议和缺乏一致标准的情况将大为减少。新型或改进型飞机工作负荷量可以同已通过验证、在航空环境中有效运行的其他基本型飞机进行对比。

PSE 包括 7 分量表和一套问卷。PSE 方法创新之处在于,采用由飞行员自行选定的、先前经过审定的其他飞机作为参照,以此对工作负荷量进行比较评价。飞行员对某型飞机的操纵进行比较评级,确定在脑力劳动、体力消耗及时间需要等方面,较参照机型更大、相同还是更低。工作负荷量需求增加的方面即需改进设计。一段评估时间结束时,在工作负荷量需求增加方面对飞行员进行一次访谈。飞行员主观评价(PSE)量表如图 3-11 所示。

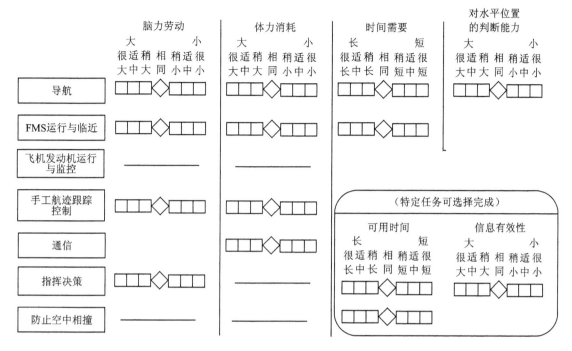

图 3-11　飞行员主观评价(PSE)量表

为了支持售后市场飞机补充型号认证的机组工作量评价,奥兰德和巴恩斯针对 PSE 进行了改进,获得了改进的飞行员主观评价(MPSE)。与 PSE 相同,MPSE 仍采用 7 分量表和一套问卷。在一段评估时间结束时,进行一次延伸访谈。

在 MPSE 使用过程中,需要根据实际测试操作需要进行相应修改。优点之一是其具有灵活性。MPSE 主要有如下 3 个任务模块:

① 飞行识别和飞行员信息。

② 对正常操作(如起飞和降落)的评价。与降落相关数据包括降落机场、降落时间、降落过程及着陆时飞行状况、进近方式、空中交通管制状况、自动驾驶仪不同工作方式等,以及其他任何相关情况(如飞行管理系统工作方式在其可用时的情况)。接下来会要求飞行员对规章中工作负荷考虑因素做出评价(包括飞机航迹控制、防撞、导航、通信、飞机控制的操作和监控、决策、必需的操纵器件的可达性和操作简易性)。

③ 对非常规和紧急操作的评价。其包括警报信号、警报程序,以及是否故意安排非常规操作,如警报指示引起注意的程度、理解问题的脑力付出、警报出现时保持其他驾驶飞机职能的轻松程度、非常规进程为计划性或非计划性等。

图 3-12 示出了正常到达过程的 MPSE,图 3-13 示出了额外、非常规或紧急运行的MPSE。图中不可用选项的多少和位置取决于接受测试的仪器和系统。

MPSE 表格的所有选项及注释,无论好坏,在每次飞行后的延伸访谈中均会被讨论。延伸访谈非常有实用价值。经验丰富且富于洞察力的访谈者是必要条件。如果访谈者本身在测试

进程：到达
状态：到达工作量函数

	脑力劳动 大 小 很 适 稍 相 稍 适 很 大 中 大 同 小 中 小	体力消耗 大 小 很 适 稍 相 稍 适 很 大 中 大 同 小 中 小	时间需要 长 短 很 适 稍 相 稍 适 很 长 中 长 同 短 中 短	对水平位置 的判断能力 大 小 很 适 稍 相 稍 适 很 大 中 大 同 小 中 小
导航	☐☐☐◇☐☐☐	☐☐☐◇☐☐☐	☐☐☐◇☐☐☐	☐☐☐◇☐☐☐
飞机发动机运行与监控	☐☐☐◇☐☐☐	☐☐☐◇☐☐☐	不可用	不可用
手工航迹跟踪控制	☐☐☐◇☐☐☐	☐☐☐◇☐☐☐	不可用	不可用
通信	不可用	☐☐☐◇☐☐☐	不可用	不可用
指挥决策	☐☐☐◇☐☐☐	不可用	可用时间 ☐☐☐◇☐☐☐	不可用
防止空中相撞	不可用	不可用	☐☐☐◇☐☐☐	不可用

图 3-12 正常到达过程的 MPSE 量表

工作负荷因素
按照完成的进程填写各项

进程名称_____. ☐有计划 ☐无计划

警报指示		进程		
引起注意的程度 低 高 很 适 稍 相 稍 适 很 低 中 低 同 高 中 高	理解问题的 脑力付出 大 小 很 适 稍 相 稍 适 很 大 中 大 同 小 中 小	脑力劳动 大 小 很 适 稍 相 稍 适 很 大 中 大 同 小 中 小	体力消耗 大 小 很 适 稍 相 稍 适 很 大 中 大 同 小 中 小	保持其他驾驶飞机 职能的轻松程度 低 高 很 适 稍 相 稍 适 很 低 中 低 同 高 中 高
☐☐☐◇☐☐☐	☐☐☐◇☐☐☐	☐☐☐◇☐☐☐	☐☐☐◇☐☐☐	☐☐☐◇☐☐☐

进程名称_____. ☐有计划 ☐无计划

警报指示		进程		
引起注意的程度 低 高 很 适 稍 相 稍 适 很 低 中 低 同 高 中 高	理解问题的 脑力付出 大 小 很 适 稍 相 稍 适 很 大 中 大 同 小 中 小	脑力劳动 大 小 很 适 稍 相 稍 适 很 大 中 大 同 小 中 小	体力消耗 大 小 很 适 稍 相 稍 适 很 大 中 大 同 小 中 小	保持其他驾驶飞机 职能的轻松程度 低 高 很 适 稍 相 稍 适 很 低 中 低 同 高 中 高
☐☐☐◇☐☐☐	☐☐☐◇☐☐☐	☐☐☐◇☐☐☐	☐☐☐◇☐☐☐	☐☐☐◇☐☐☐

图 3-13 额外、非常规或紧急运行的 MPSE 量表

模拟飞行或实际飞行中同时也是观察员,则将非常有利。

尽管大多数工作负荷评价方法都试图寻求一种有效并且可靠的测量工作负荷水平的工具,但只有 PSE 和 MPSE 方法针对相对工作量进行测量。采用比较方法的根本原因在于,任何飞机或系统,只要其工作负荷量不超过已经证实成功的飞机或系统,显然是可以接受的。比较评价方法规避了在没有统一基准的条件下确定工作负荷量可接受水平这一难题,使工作负荷量转化为通过令人满意的方法加以确定。

3.7　应用示例

主观评价法方便、可靠,在各个领域均有广泛应用。本节列举道路交通领域的一项实验研究(杜俊敏,2020)。

在道路交通领域,驾驶员的工作负荷会因为夜晚灯光不充足或不良天气条件所造成的影响而急剧上升,伴随而来的交通安全事故发生率也会大大提高。由于天气状况恶劣导致驾驶环境变差,驾驶负荷也因此提高,驾驶员识别、判断以及控制失误的概率也会随之提高。若工作负荷压力超过承受水平一定长的时间,驾驶员通常会产生驾驶疲劳,因而产生极大的交通安全隐患。另外,对行车行为的工作负荷产生作用的另一大因素是驾驶环境的能见度。在中雨条件下,驾驶员的工作负荷提高;在雾天驾车时,驾驶员的工作负荷会明显增加,驾驶环境的能见度与驾驶负荷负相关。夜间行车同样会大大增加驾驶员的工作负荷,主要表现在视线不佳、易于疲劳和驾驶操作变难。夜间自然光线变差,夜间汽车灯光和路灯照射的范围和亮度都有限,因此造成能见度变差,视野变小,使得驾驶员在行车过程中处理各种交通情况要比白天付出更多的精力。同时驾驶员对道路上的各种突发情况反应时间也会远大于白天,判断难度急剧增加,从而导致夜间行车交通事故发生率增加。

下面的示例研究采用主观评价量表,对多个场景下的车辆驾驶主任务进行了工作负荷分析。

1. 驾驶场景

实验的主任务为跟车驾驶,次任务为使用手机、导航等科技产品。驾驶场景的设计变量有4个因素:时间(2类)、天气(3类)、交通密度(3类)和道路类型(3类),总共设计 $2 \times 3 \times 3 \times 3 = 54$ 个场景。图 3-14 所示为场景示例。时间分为白天和黑夜,白天场景设定为上午 11 点,黑夜设定为晚上 11 点。天气分为晴、雨、雾,雨的大小为中雨,雾天能见度为 500 m(大雾的最低标准)。交通密度分为高、中、低 3 档(非主要分析因素)状态为自由流。道路类型分为城市、高速、乡村道路(非主要分析因素)3 种道路均符合线性标准、横断面标准和路面标准,城市道路双向共 4 车道,限速 60 km/h,高速公路双向 6 车道,限速 120 km/h,乡村道路双向两车道,无隔离栏,夜晚没有照明设施,限速 60 km/h。

2. 主任务工作负荷量表设计

主任务工作负荷量表以 NASA-TLX 量表为基础。NASA-TLX 量表从 6 方面来评价任务的工作负荷,分别为脑力需求、体力需求、时间需求、自我绩效、努力程度和受挫程度,使用百分制。被试者首先需要采用两两比较法,对每个因素在工作负荷形成中的相对重要性给予权重评定,6 个因素的权数之和等于 1。在对权重进行评估时,自相矛盾的评估(即 A 比 B 重要,B 比 C 重要,C 比 A 重要)是允许的,这种情况出现时,说明被评估的因素的重要性非常接近。之后对工作负荷的 6 个因素在 0~100 之间给出自己的评价。6 个因素的加权平均即为工作负荷的值。本次实验对 6 个方面的评价进行描述,以使其更加适用于汽车驾驶的负荷评价和方便被试者理解。新的描述如下:

(a) 高速公路-白天-晴天-低交通密度

(b) 高速公路-黑夜-晴天-低交通密度

图 3-14　场景示例

① 脑力需求描述：在此场景下驾驶是简单还是复杂？0 分为极低,100 分为极高。

② 体力需求描述：完成此场景下的驾驶任务对于你来说在体力方面是悠闲还是费力？0 分为极低,100 分为极高。

③ 时间需求描述：驾驶任务使你感到多大的时间压力？(任务进展速度要求有多仓促或匆忙?)0 分为极低,100 分为极高。

④ 自我绩效描述：你对驾驶任务的完成程度评价如何,对结果的满意度如何？0 分为完美,100 分为失败。

⑤ 努力程度描述：在完成这项驾驶任务时,是轻松完成还是全力以赴？0 分为极低,100 分为极高。

⑥ 受挫程度描述：在驾驶任务过程中心神不定、气馁、生气和烦恼程度有多大？(也可以理解为在驾驶过程中,你感到是没有安全感还是安全感充足？很泄气还是劲头十足？生气、恼火还是满意？有压力还是放松？)0 分为极低,100 分为极高。

根据如上描述,结合驾驶场景,设计主任务工作负荷评价表,被试者在每个场景驾驶完成之后均需要填写一次主任务负荷量表。

3. 实验设备

实验设备为简易汽车模拟驾驶器,如图 3-15 所示。模拟器由 3 个屏幕、模拟踏板、汽车座椅、模拟挡位及驻车制动器组成。该驾驶器由运行在工作站上的 UC - win/Road 软件驱动。该软件具备驾驶模拟功能,配合外围设备使用可以真实模拟各种车型驾驶的状况。模拟器设置为小轿车自动挡。

图 3-15　简易汽车模拟驾驶器

4. 被试者

被试者筛选条件为要求持有 C1 或 C2 驾照、年龄为 20~30 岁、驾龄 1 年以上、驾驶公里数 3 000 km 以上、最近 3 个月有驾驶活动。其中,年龄限制是为了被试者在每个场景开始时都能尽量保持精力充沛,驾龄、驾驶公里数与驾驶活动限制是为了让被试者在完成次任务问卷时能根据本身的驾驶情况与驾驶经验回答,使结果更贴近实际。

根据筛选条件,通过社区招募和网上报名的方式,共招募了 21 位被试者,其中男性 15 位,女性 6 位。实验现场检验被试者信息,均符合筛选条件。

5. 实验实施

总共 54 个场景,如果让一名被试者在一次实验中完成全部场景的任务是不太现实的,所以将所有被试者共分为 3 组,分组的方法如表 3 - 21 所列。

表 3 - 21　被试者分组

组　别	A 道路类型 (A1 城市/A2 郊区/A3 高速)	B 交通密度 (B1 高/B2 中/B3 低)	C 时间 (C1 白天/C2 夜晚)	D 天气状况 (D1 晴/D2 雨/D3 雾)
第 1 组	A1	B1/B2/B3	C1/C2	D1/D2/D3
第 2 组	A2	B1/B2/B3	C1/C2	D1/D2/D3
第 3 组	A3	B1/B2/B3	C1/C2	D1/D2/D3

将被试者按照参与实验的道路类型不同分为 3 组,每组 18 种驾驶场景,被试者 7 人(男 5 人,女 2 人)。3 组实验共 54 种场景,被试者共 21 人。

实验步骤如表 3 - 22 所列。

表 3 - 22　实验步骤

时　刻	序　号	任务描述
实 验 前	1.	检查实验需携带的资料和物品,包括: ① 知情同意书; ② 被试者信息及酬金发放登记表; ③ 实验检查表; ④ 调查问卷; ⑤ 防吐塑料袋
	2.	检查室内温度,如需要,请开空调,设置为 25 ℃。 清理实验场所,保持干净整洁
	3.	插电源,启动驾驶模拟器计算机模拟驾驶场景
	4.	在计算机中设置软件 UC - win/Road: ① 双击打开桌面-实验道路。 ② 检查左视图、右视图、后视图是否生成,是否 3 屏显示。 ③ 检查"游戏控制器选项"对话框中的"游戏控制器驾驶"选项已被选择。 ④ 单击"驾驶模式"(小汽车图标),完成以下设置: 　- 选择驾驶道路:列表中的第一项。 　- 选择行驶车道:城市道路和高速公路为 2,乡村道路为 1。 　- 输入初始位置:0 m。 　- 选择汽车模型:Test Car(黄色两厢小轿车)。 ⑤ 设置好后可按"Windows + D"快捷键回到普通桌面

飞行员工作负荷

续表 3－22

时　刻	序　号	任务描述
实验前	5.	按下"Windows＋D"快捷键,单击驾驶模式(小汽车图标)中的"确定"按钮,按左侧"Alt＋Enter"使画面全屏;调整音量至合适水平。若车辆没有声音,则回到非全屏界面,进入"选项"的"声音设置"里取消"静音"。 若 3 屏不完整,可依次使用以下方法直至恢复: ① 回到非全屏界面,在中间屏幕最上方的蓝色菜单栏空白处双击使三屏幕缩小,再次双击即可获得三屏; ② 在视图选项里勾选左视图、右视图; ③ 重启软件
被试者到达后	6.	与被试者预约时间,提醒被试者须满足被试条件,提醒被试者携带驾照
	7.	欢迎被试者的到来,请被试者坐在实验室会议桌边
	8.	① 检查被试者驾照,满足被试要求(持有 C1 或 C2 驾照,年龄 20～30 岁,驾龄 1 年以上,累计驾驶 3 000 km 以上,最近 3 个月有驾驶活动,健康良好),若不满足要求,则告知被试者不能参加实验。 ② 请被试者填写个人信息表。 ③ 请被试者阅读知情同意书,解释实验内容及流程,并签字。询问被试者是否需要去卫生间,若需要,告知其卫生间地址,若不需要,则准备开始实验。提醒被试者将手机静音。 ④ 确定被试者分组(城市、高速或乡村)
	9.	请被试者坐在模拟器前的座位上,前后调整至舒适位置
	10.	① 单击场景中的"练习",请被试者熟悉模拟驾驶器的操作。直到被试者觉得已经熟悉操作,方停止练习,询问被试者是否有头晕、恶心等症状,询问被试者是否有其他问题。 ② 如果没有问题,请被试者熟悉并尝试填写次任务问卷。 ③ 请被试者填写工作负荷量表,向被试者解释清楚每个名词的意思,直到被试者完全理解。 ④ 请被试者完成参与驾驶分心意愿的调查问卷。 ⑤ 确定被试者完全理解两个问卷的意思并熟知内容后方可正式填写
实验正式开始后	11.	① 进行实验,打开被试者分组相对应的实验场景文件。 ② 开启场景 1 交通密度高-白天-晴天,告知被试者场景内容,提醒被试者注意限速标志,驾驶时间 1 min。 ③ 1 min 暂停,由主试询问被试者关于工作负荷量表中 6 个因素的打分情况并将其记录。 ④ 完成次任务参与驾驶分心意愿的问卷。 ⑤ 依次开启场景 2～18 进行实验,步骤同 11.②～④。若被试者为城市组,则完成次任务工作负荷量表
	12.	检查数据填写情况
	13.	请被试者离开驾驶座,发放酬金,请被试者在酬金发放表上签字,感谢并欢送被试者
实验结束后	14.	关闭 UC－win/Road 程序清理内存,关闭左右计算机,使其获得休息
	15.	当天实验结束后,整理清洁实验室,所有物品摆放整齐。 关闭所有计算机、空调、灯,拔掉电源。 锁门

6. 工作负荷分析

为简便起见,工作场景名称用 4 位编号代替:第 1 位是道路类型编号,1 为城市,2 为高速,3 为乡村;第 2 位是时间编号,1 为白天,2 为黑夜;第 3 位是交通密度,1 为高,2 为中,3 为低;第 4

位是天气编号,1 为晴,2 为雨,3 为雾。例如,1221 代表城市道路-中密度-黑夜-晴场景。次任务参与意愿问卷中的一定会、可能会、不一定、不会、肯定不会由打分 5、4、3、2、1 代替。

将 54 个场景下进行主任务的工作负荷进行排名,从排名中可以看出所有场景的工作负荷的范围。排名情况见表 3-23 和图 3-16。

表 3-23　主任务工作负荷排名

排 名	场景编号	工作负荷	排 名	场景编号	工作负荷
1	2112	58.5	28	3223	33.14
2	2212	57.93	29	3232	33.14
3	3212	53.21	30	2121	33.07
4	2222	50.64	31	1221	32.75
5	1212	48.93	32	2231	32.21
6	2213	48.64	33	3221	31.86
7	2211	47.86	34	1111	30.79
8	2122	47.85	35	3111	30.07
9	2232	47.71	36	1122	29.21
10	1112	46.28	37	3233	29.14
11	2111	45.25	38	2131	28.5
12	2113	43.86	39	3123	28.36
13	2223	43.79	40	1232	27.96
14	3213	42.28	41	3231	26.14
15	2132	42	42	3132	25.64
16	3222	40.54	43	1132	24.71
17	1222	40.5	44	1121	24.58
18	2123	39.35	45	1113	24.57
19	2221	38.57	46	1223	23.93
20	3211	38.36	47	3133	22.43
21	2133	38.14	48	3121	20.46
22	1213	38.04	49	1123	19.43
23	1211	37.14	50	3131	17.29
24	2233	37	51	1133	15.57
25	3112	36.75	52	1231	14.29
26	3122	33.79	53	1131	14.21
27	3113	33.33	54	1233	13.96

所有场景中工作负荷最高的场景是 2112,即高速-高密度-白天-雨天,工作负荷为 58.5;工作负荷最低的场景为 1233,即城市道路-黑夜-交通密度低-雾天,数值为 13.96。最高负荷场景与最低负荷场景相差超过 4 倍,由此可见场景的变化对工作负荷的影响很大,但是具体的某一个因素对于工作负荷的影响还不确定。

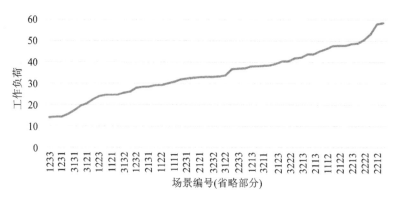

图 3-16　主任务工作负荷排名

人们的常识认为在黑夜驾驶工作负荷应大于白天,但本研究数据显示最大的工作负荷却出现在白天的场景。按照常识来说,晴天的工作负荷应小于雾天,但是本文数据显示最小的工作负荷却出现在雾天的场景。由此来看还需更多的分析才能确定天气和时间因素的影响。

(1) 天气因素分析

对 3 种天气状况在其他因素相同的情况下进行对比,对比方式采用表格排序,排序方法为:首先将所有晴天场景的工作负荷由低到高进行排序,将此时其他 3 因素顺序记录,然后再将雨天和雾天的场景分别按照这个顺序进行排序。排序结果见表 3-24 和图 3-17。

表 3-24　不同天气下的工作负荷

场景编号(晴)	工作负荷	场景编号(雨)	工作负荷	场景编号(雾)	工作负荷
1131	14.21	1132	24.71	1133	15.57
1231	14.29	1232	27.96	1233	13.96
3131	17.29	3132	25.64	3133	22.43
3121	20.46	3122	33.79	3123	28.36
1121	24.58	1122	29.21	1123	19.43
3231	26.14	3232	33.14	3233	29.14
2131	28.5	2132	42	2133	38.14
3111	30.07	3112	36.75	3113	33.33
1111	30.79	1222	40.5	1113	24.57
3221	31.86	3222	40.54	3223	33.14
2231	32.21	1112	46.28	2233	37
1221	32.75	2232	47.71	1223	23.93
2121	33.07	2122	47.85	2123	39.35
1211	37.14	1212	48.93	1213	38.04
3211	38.36	2222	50.64	3213	42.28
2221	38.57	3212	53.21	2223	43.79
2111	45.25	2212	57.93	2113	43.86
2211	47.86	2112	58.5	2213	48.64

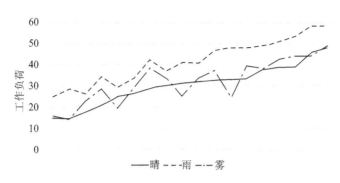

图 3-17　天气因素对工作负荷的影响

　　从表 3-24 和图 3-17 中可以看出,其他 3 个因素相同的情况下,雨天的工作负荷明显大于晴天和雾天,而雾天和晴天对于工作负荷的影响并不明显,或者说并不确定。为了确定雾天和晴天对于工作负荷的影响,现取两者工作负荷差异最大的场景的数据进行对比(见表 3-25)。

表 3-25　晴天和雾天工作负荷对比

场景编号(晴)	工作负荷	场景编号(雾)	工作负荷	差
1131	14.21	1133	15.57	−1.36
1231	14.29	1233	13.96	0.33
3131	17.29	3133	22.43	−5.14
3121	20.46	3123	28.36	−7.9
1121	24.58	1123	19.43	5.15
3231	26.14	3233	29.14	−3
2131	28.5	2133	38.14	−9.64
3111	30.07	3113	33.33	−3.26
1111	30.79	1113	24.57	6.22
3221	31.86	3223	33.14	−1.28
2231	32.21	2233	37	−4.79
1221	32.75	1223	23.93	8.82
2121	33.07	2123	39.35	−6.28
1211	37.14	1213	38.04	−0.9
3211	38.36	3213	42.28	−3.92
2221	38.57	2223	43.79	−5.22
2111	45.25	2113	43.86	1.39
2211	47.86	2213	48.64	−0.78

　　差异最大的为编号 2131 和 2133 场景,调取两个场景 7 位被试者的工作负荷数据(见表 3-26)。

表 3 - 26　2131 和 2133 场景工作负荷原始数据

被试者编号	工作负荷(2131)	工作负荷(2133)	差
1	38	60	−22
2	45	49	−4
3	34	37	−3
4	27	33	−6
5	7.5	7.5	0
6	20	20	0
7	28	60.5	−32.5

对以上数据进行单因素方差分析,结果如表 3 - 27 所列。

表 3 - 27　单因素方差分析结果

差异源	SS	df	MS	F	P	F 临界值
组间	325.446	1	325.446	1.183	0.298	4.747
组内	3 299.857	12	274.988			
总计	3 625.304	13				

由分析结果可知,$P \geqslant 0.05$,t 检验不通过,表明晴天与雾天对工作负荷的影响没有显著性差异。出现此结果可能是以下两种原因:

① 方差分析结果可能不精确。NASA - TLX 量表是一种主观且评分跨度较大的量表,每个被试者对量表理解不同,造成评分不同的情况很常见。本研究样本少,尽管使用 3 倍标准差法验证了所有的样本都在 3 倍标准差以内,仍难免数据不集中,方差分析结果可能不精确。

② 晴天与雾天对工作负荷的影响确实没有显著性差异。场景中雾能见度为 500 m,为大雾的最低标准,然而这样程度的雾不足以造成驾驶员工作负荷的显著提高,对行车影响不大。从两种场景的差值可以看出,差值均小于或等于 0,说明在其他 3 个因素为高速道路-白天-低密度的情况下,雾天相对于晴天会稍微加大工作负荷,但是差值波动较大,说明不同的人对这种影响的程度大小判断不同,7 个人中有 5 个人给两个场景的打分之差在 6 以内,说明大部分人认为这两种场景的工作负荷差别确实不大。

类似的分析可得到,雨天相对于晴天会显著加大工作负荷。原因可能在于,雨天情况下地面湿滑,改变了车辆轮胎与地面的摩擦系数,同样也改变了驾驶员对车辆的操纵感觉,车辆的转向和刹车比平时迟钝,由此造成驾驶员驾驶行为更加困难。而雾天和晴天没有改变车辆的特性,所以对驾驶负荷造成影响的影响轻微。

通过以上的分析可以得出初步结论,能见度在一定范围内(至少是 500 m 以上)对于驾驶车辆的工作负荷影响不显著,车辆的动力学特性对于驾驶车辆的工作负荷影响显著。

（2）时间因素分析

白天和黑夜两种时间在其他因素相同的情况下进行对比,按表格排序方法进行分析。表格排序方法为:首先将所有白天场景的工作负荷由低到高进行排序,将此时其他 3 因素的顺序记录,再将黑夜的场景分别按照这个顺序进行排序。排序结果见表 3 - 28 和图 3 - 18。

表 3 - 28　白天、黑夜工作负荷对比

场景编号（白）	工作负荷	场景编号（黑）	工作负荷	差
1131	14.21	1231	14.29	−0.08
1133	15.57	1233	13.96	1.61
3131	17.29	3231	26.14	−8.85
1123	19.43	1223	23.93	−4.5
3121	20.46	3221	31.86	−11.4
3133	22.43	3233	29.14	−6.71
1121	24.58	1221	32.75	−8.17
1132	24.71	1232	27.96	−3.25
3132	25.64	3232	33.14	−7.5
3123	28.36	3223	33.14	−4.78
2131	28.5	2231	32.21	−3.71
3111	30.07	3211	38.36	−8.29
1111	30.79	1211	37.14	−6.35
2121	33.07	2221	38.57	−5.5
3113	33.33	3213	42.28	−8.95
3122	33.79	3222	40.54	−6.75
2133	38.14	2233	37	1.14
2123	39.35	2223	43.79	−4.44
2132	42	2232	47.71	−5.71
2113	43.86	2213	48.64	−4.78
2111	45.25	2211	47.86	−2.61
1112	46.28	1212	48.93	−2.65
2122	47.85	2222	50.64	−2.79
2112	58.5	2212	57.93	0.57

图 3 - 18　白天、黑夜工作负荷对比图

可以看出,在每一种其他 3 个因素相同的情况下,黑夜相对于白天会加大驾驶的工作负荷,没有路灯会加大夜晚对于驾驶工作负荷的影响。

参考文献

[1] Luximon A,Goonetilleke R S. Simplified subjective workload assessment technique[J]. Ergonomics,2001,44(3):229-243.

[2] Hart S G, Staveland T E. Development of NASA – TLX (Task Load Index):Results of Empirical and Theoretical Research[J]. Advances in Psychology,1988,52:139-183.

[3] 杜俊敏.基于车载科技产品使用的驾驶分心策略研究[R].国家自然科学基金委员会,2020.

[4] 郭小朝,于丽,叶佳波.国内对库珀-哈珀量表的三点误用[J].民航医学,2018,28(1):55-58.

[5] 晋良海,李宬.高处作业人员心理负荷的 SWAT 量表主观评定方法研究[J]. 安全与环境工程,2015,22(3):70-74.

[6] 刘宝善."库柏-哈柏"方法在飞行员脑力负荷评价中的应用[J].中华航空航天医学杂志,1997,8(4):234-236.

[7] 刘秋红,王庆敏,姚永杰,等.模拟舰载飞行中飞行员脑力负荷的主观评价[J].中华航空航天医学杂志,2017,28(1):11-14.

第4章 生理测量法

生理测量法是通过测量操作者的某些生理指标的变化来反映其脑力负荷改变的一种传统方法。生理测量法假设生理反应和任务相关,人的脑力负荷变化时,与之相关的生理量指标也会有所变化。生理测量法要通过使用一些专业的仪器来获取这些指标值。生理测量法是通过对人的生理信号的测量来确定人的工作负荷的。目前研究得较多的生理指标主要有心率及其变异性、眨眼率、眼电图、脑电图、脑事件相关电位等,在各种生理指标中,心跳变化率和脑电图中的 P300 的效果较好。这些指标分为中枢神经系统类(CNS)和植物神经系统类(ANS)两类。例如,瞳孔直径、心率、呼吸、皮肤电活动和激素水平测量属于 ANS 方法类,脑电活动、脑磁活动、脑内物质代谢活动和眼电测量都属于 CNS 方法类。

4.1 脑电测量

4.1.1 脑电测量指标

脑电波(Electroencephalogram,EEG)是一种使用电生理指标记录单脑活动的方法,大脑活动时,大量神经元同步发生的突触后电位经总和后形成的。它记录大脑活动时的电波变化,是脑神经细胞的电生理活动在大脑皮层或头皮表面的总体反映。

作为一种有效的对神经活动进行间接测量的工具,脑电波(EEG)及其相关联的事件相关电位(ERP)的相关研究广泛应用于神经科学、认知科学、认知心理学和心理生理学研究中。它具有较高的时间精度,可以检测毫秒级的电位变化,但空间精度相对较差。目前,借助脑电波及事件相关电位,已发现了多种同人脑认知功能相关联的成分。例如,P300 成分同人体的内源性注意有关,N400 成分同语义加工有关。

1965 年,Sutton 首次报道了事件相关电位(Event - Related Potential,ERP),ERP 是一种特殊的诱发电位,属于近场电位。它的特点在于:①要求被试者一般是清醒的;②所用刺激不是单一的,至少要有两种或两种以上的刺激编成刺激序列;③ERP 的构成除了易受刺激物理特性影响的外源性成分外,还有不受刺激物理特性影响的内源性成分。内源性成分和认知过程密切相关,是"窥视"心理活动内容的一个窗口。P3 就是其中的一种内源性成分,又称为认知电位,是当人们注意某客体并进行认知加工时在头皮上记录到的电位。由于最初报道 P3 的潜伏期在 300 ms 左右,又称为 P300。但实际上它多在 350~800 ms 时间内出现。又因其是较晚出现的正向成分,也有人称之为晚发正向成分(Late Positive Component,LPC)。

4.1.2 脑电测量设备

P3 波的测量仪器主要由诱发电位仪和电极组成,诱发电位仪多种多样,有国内一些科研单位自行研制的,也有国外(如丹麦、日本和美国)一些公司生产,如丹麦的 Keypoint 公司、美国的 Neuroscan 公司生产的多导脑电系统和日本的 RM 系列多导生理记录仪,还有空四所研制的便携式飞行生理参数记录分析系统。这几种是比较常用的,功能比较全面,既可以测量脑电信号,也可以测量心电以及眼电信号等。电极主要有 Ag–AgCl 电极和电极帽,其中,Ag–AgCl 电极一般都是按照国际标准 10/20 系统放置,电极帽由 64 或 128 导脑电电极点和 3 导眼电电极点组成。

4.1.3　脑电测量法

诱发 P3 电位通常是通过视、听、体感来辨认两种以上的刺激,对随机编成的刺激序列,用不同音调的声音、不同颜色的闪光图像、不同部位的感觉刺激来做出反应,被试者反应的方法可是默计该刺激出现的次数,或按键。一般刺激间隔为 1～3 s,持续时间为 20～1 000 ms,记录电极置于国际脑电学会 10/20 系统的 Cz、Pz 处,参考电极置双耳垂,接地电极置前额。带通一般为 0.1～100 Hz,低限为 0.01～2 Hz,高限为 30～1 000 Hz,电极阻抗<5 kΩ,分析时间不少于 1 000 ms。P3 确认和测量直接影响到结果的准确性,一般在刺激后 300 ms 左右出现一个最大正向波即为 P3,但亦有报道,可在 350～800 ms 内出现。

4.1.4　脑电指标的影响因素

（1）任务相关性的影响

P3 电位的波幅和潜伏期与任务成正相关,是其他诱发电位所没有的,对靶刺激能做出反应,是 ERP 试验的主要内容。有文献报道靶刺激比非靶刺激引出的 P3 电位潜伏期短,波幅较之亦高。任务难度大小,可影响到潜伏期和波幅变化,难度越大,P3 电位越明显。另外,完成试验后有无奖励,即刺激的鼓励价值亦影响到 P3 波。

（2）刺激性质的影响

刺激形式不同,产生的 P3 亦不同,躯体刺激的 P3 潜伏期最短,听觉刺激产生的 P3 稍长,视觉刺激产生的 P3 最长,但听觉刺激产生的 P3 较稳定,变异小,波形易辨认,无视力影响因素,目前较广泛应用。另外,刺激强度越大,间期越长,P3 波幅就越大,而潜伏期一般无变化。靶刺激概率越小,P3 波幅越大,概率小于 0.3,即能诱发出足够显著的 P3 波幅而对潜伏期无影响。还有一种刺激称为"新奇刺激",即除了靶和非靶刺激的随机编排外,另外编排一种不同于前两者的刺激,使被试者感到意外和突然,可引出明显的 P3 波。

（3）年龄因素的影响

研究认为 P3 电位波幅和潜伏期与年龄变化呈负相关。从 10 岁左右开始,随着年龄的增长,P3 潜伏期逐级缩短,波幅逐渐增高,20 岁左右时 P3 潜伏期最短波幅最高,此后随年龄的增长,P3 潜伏期又以每年 1～2 ms 的幅度增宽,波幅渐降低,至于性别和文化程度认为对 P3 无显著影响。

（4）遗传因素的影响

研究发现,单卵双胎的 P3 波形几乎一样,和 P3 波幅、潜伏期高度相关,在无任务条件下单卵双胎比双卵的 P3 波形更一致,这些研究结果有力地表明 P3 有着遗传基础,并认为遗传因素对波型的相关性大于潜伏期的相关性。

（5）睡眠因素的影响

大多数学者认为,在深睡眠期 P3 电位缺失,而在浅睡眠期 P3 电位仍存在,只是潜伏期延长,波幅下降。

4.2 心电测量

4.2.1 心电测量指标

心电指标中用于研究脑力负荷的指标主要有心率(HR)及其变化率(HRR)和心率变异(HRV)及其变化率(HRVR)。

心率是指在单位时间内的心跳次数。心率变化率是指操作人员在进行脑力负荷工作时的心率与安静状态下心率之间的比较值。

心率变异指逐次心动周期之间的时间变异数。由于心律并不绝对规则,两次心搏之间有微小的时间差别,通过测量连续出现正常心搏间期之间的变异数,即可了解心率变异性。心率变异变化率是指操作人员在脑力负荷情况下与安静状态下的心率变异值的比值。

心率与心率变异性(HRV)包括逐次心跳间期(IBI)及其标准差(SDIBI)、低频带(0.05~0.15 Hz)功率、高频带(0.20~0.40 Hz)功率、总频带(0.05~0.40 Hz)功率、低频归一化参数、高频归一化参数、低高频比。

心率及其变异性与脑力负荷的关系研究较多,不少研究表明,心率在脑力负荷加重时增快,心率变异性则减小。

Wilson 在飞行训练任务中研究了多种生理指标与工作脑力负荷的关系,结果表明心率及心率变异性在不同的飞行阶段变化非常显著。

也有研究表明,心率变异性在脑力负荷评定中并不比心率更敏感。在董明清的研究中提示,心率在不同难度的任务之间有显著性差异(由 IBI 反映),心率变异性则无显著性差异(董明清等,1999)。这说明虽然 HR 和 HRV 与脑力负荷有一定关系,但由于 HR 和 HRV 受多种因素影响的特点,所以并不能可靠地反映脑力负荷的变化,只能作为与脑力负荷相关的一个指标来应用。

4.2.2 心电测量设备

心电仪的研究历史比较长,从 1901 年爱因托芬制造的第一台心电图仪到目前心电图仪进入了数字化发展的新时代,这种普通心电图仪经历了三个时代的发展。自从进入 20 世纪 60 年代,心电图仪开始了动态心电图仪的发展。目前我国的动态心电图仪(HOLTER)已经达到了国际先进水平。而对于测量心率和心率变异性的要求来说,基本上目前市场上的心电图仪都能够达到要求。

心电指标的影响因素很复杂,既有内部因素,也有外部因素。内部因素诸如年龄、性别、疾病种类、遗传、是否经常运动、饮食习惯等,外部原因则有站位倾斜状态、脑力负荷大小、外界干扰等。

4.3 呼吸测量

4.3.1 呼吸测量指标

目前应用于工作负荷生理评价指标的呼吸指标主要有呼吸率(RR)、呼吸变异性(RRV)。

呼吸率是指在单位时间内呼吸的次数,它的另外一种表达方式是逐次呼吸间期(IRI),两者是倒数关系。呼吸变异性是指逐次呼吸周期之间的时间变异数。

呼吸率及呼吸变异性(RRV)包括逐次呼吸间期(IRII)及其标准差(SDIRI)、RRV 频带 1(0.02～0.06 Hz)功率、RRV 频带 2(0.07～0.14 Hz)功率、RRV 总频带(0.02～0.14 Hz)功率、频带 1 归一化参数、频带 2 归一化参数、频带 1 与频带 2 功率比。

呼吸频率通常随脑力负荷的增加而增快,呼吸变异性与脑力负荷的关系研究较少。Sire-vaag 等曾研究发现 RRV 和 HRV 在通信脑力负荷增加时均减小,但因为是语言通信,因此,是通信中语言影响了呼吸形式,进而引起 RRV 和 HRV 的变化,或者这种变化的确反映了通信脑力负荷与 RRV 和 HRV 的关系难以定论。董明清等人的研究中所用任务不要求有语言反应,呼吸率从对照到不同难度任务逐渐增快(由 IRI 反映),变异性指标在各任务条件时均呈现不同变化,说明在某种程度上呼吸率及 RRV 与脑力负荷有一定的关系。

4.3.2　呼吸测量设备

目前在脑力负荷的研究中,测量呼吸指标都是使用多道生理记录仪配套的呼吸鼻夹记录呼吸,通过信号放大器放大信息。例如:日本产的 RM 系列多道生理记录仪、空四所研制的便携式飞行生理参数记录分析系统都可以测量呼吸指标。

呼吸指标的影响因素很多,诸如性别、体重、身高、年龄、营养、锻炼等,由于呼吸指标易受外界的干扰,而且个体差异较大,因此不能单独作为测量脑力负荷的生理指标,必须结合其他指标进行综合分析。

4.4　眼动测量

4.4.1　眼动研究背景和意义

日常生活中,人们获取到的信息主要来自于视觉。有关人员研究发现,人的认识与人的器官的关系是味觉 1%、触觉 1.15%、嗅觉 3.15%、听觉 11%、视觉 83%。以信息论研究人的信道特性表明,假定触觉信道宽为 1,则听觉信道宽为 100,视觉信道宽则为 10 000。由于视觉的重要性,世界各国对视觉系统的研究越来越多,NASA、哈佛大学、麻省理工大学、剑桥大学、牛津大学、东京工业大学等著名科研机构或大学都设有专门的视觉系统研究部门。眼动(即眼球运动)研究是视觉信息加工研究中最有效的手段,吸引了心理学、工效学、计算机科学、临床医学、运动学等领域专家的普遍兴趣,其研究成果在工业、军事、商业等领域广泛应用(柳忠起,2007)。

飞机座舱是信息高度密集的特殊环境,信息的采集主要依赖于驾驶员的视觉。特别是随着飞机性能的提高、功能的增多,座舱内的显示信息也日益增多。西方军事工效专家认为,目前飞行员所接受的信息已经大大超过了人的视觉负荷。在航空领域,利用眼动追踪技术,通过测量眼球运动分析飞行员的扫视行为,是研究人员广泛采用的手段。对眼动行为的分析,可以知道飞行员在操纵时如何在各个信息源上分配注意力;从眼动数据中可以了解显示信息设计和布局的合理性,为设计人员提供工程数据的支持,设计出友好的人机界面。在飞行训练时,通过对飞行员眼动数据的实时记录,还可以知道其仪表扫视的合理性;眼动测量方法提供了一种能动态、连续地对脑力负荷变化进行监控的手段,而且飞行员的疲劳也能从眼动规律中反应出来。通过对飞行员的眼动研究,还可以研究驾驶员的视觉感知和综合的认知机理,因此航空工效领域的眼动研究具有较为重要的实际意义。美国的 NASA、FAA 和空军都有专门研究项目资助民间研究机构和大学,研究飞机驾驶员的眼动行为。为了研究飞行员的眼动,美国伊利诺斯大学的航空学院和依阿华大学的操作绩效实验室还配备有多套眼动测量设备和飞行模拟器。近年来,国内有越来越多的大学和研究机构开始购置眼动测量设备,对眼动研究的开展方兴未艾。

4.4.2　眼睛的生理构造及功能

　　人的眼睛是光的接受器官,其基本构造如图 4－1 所示。在视网膜上有两种类型的感光细胞,按其形状分为锥体细胞和杆体细胞。锥体细胞是明适应条件下的感光器,对光和色都有反应,而杆体细胞仅对亮度起作用。

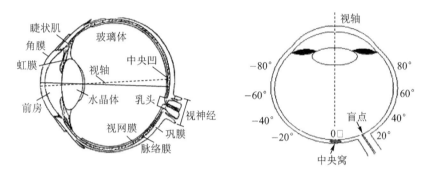

图 4－1　眼睛的基本构造

　　眼球是一个充满液体的球状物,它有一层坚韧的外表,称为巩膜。角膜是一层透明的薄膜,允许光线进入眼球。在角膜之后是虹膜,其中央有一开口称为瞳孔,光线穿过瞳孔及晶状体到达眼球后部的视网膜,使其上的光敏细胞能产生神经冲动,这些神经冲动再沿神经传导到我们的脑部。

　　在视网膜中心锥体细胞密度最大处形成一个椭圆形斑点,称为黄斑。黄斑具有最高的分辨细微物体的能力和色觉能力。人在注视物体时,会本能地转动眼睛,其目的是使物象落在黄斑上,以便于识别。在黄斑的中心部位视网膜最薄,形成一个直径约为 0.4 mm 的凹窝,大约为 1.3°,称中央凹,具有较高的分辨率。在鼻侧离凹中心 15°的地方是视网膜的视神经入口处,没有感光细胞,这个区域称为盲点。可以看出,视网膜是由狭窄的区域(中央凹)和一个宽广的周边区域(边缘区域)组成的,中央凹具有较高的分辨率,可以分辨目标的细节信息;边缘区域分辨率低,对物体的运动和闪烁较敏感。因此,如果对图画、场景或阅读的文字等进行高分辨率的信息处理,必须由眼动把视觉的中央凹指向该区域,如果没有眼动,则看清整个视阈是不可能的。

4.4.3　眼动的基本类型

　　眼动系统包括反射性眼动系统和主动性眼动系统。反射性眼动系统也称前庭眼动系统,其眼动不受大脑意识控制,属于反射性动作。主动性眼动系统的刺激信号通过皮层中枢受意识控制,大多数研究中谈到的都是主动性眼动系统,本研究也是主动性眼动系统。主动性眼动系统有 3 种最基本的形式:注视(Fixation)、眼球跳动(眼跳,Saccades)、眼球平滑跟踪运动(追随运动,Pursuit Movement)。所谓注视,是指将眼睛的中央窝对准某一物体的时间超过 100 ms,在此期间被注视的物体成像在中央窝上,获得更充分的加工而形成清晰的像。所谓眼跳,是指注视点或注视方位的突然改变,这种改变往往是个体意识不到的。眼跳的速度很快,最高可达每秒 $450°$,眼跳的幅度范围为 $2'\sim20°$。眼跳过程中可以获取刺激的时空信息,但几乎不能形成刺激的清晰像,所以眼跳可以实现对视野的快速搜索和对刺激信息的选择。所谓追随运动,是指当被观察物体与眼睛存在相对运动时,为了保证眼睛总是注视这个物体,眼球会追随物体移动。追随运动常常伴随较大的眼跳和微跳,它是由运动目标的速度信息输入到中枢神经系统,眼睛为了追随这个目标而引起的一种连续反馈的伺服运动。上述 3 种眼动方式经常交错在一起,目的均在于选择信息、将要注意的刺激物成像于中央窝区域,以形成清晰的像。

正常的视觉观察过程中,眼动表现为在被观察目标上一系列的停留。这些停留一般至少在 100 ms 以上,则被称为注视。注视的目的是将眼睛的中央凹对准某一物体。目标的详细信息只有在注视时才能获得加工。当眼睛注视时,它并不是完全不动的,而是伴有 3 种形式的微小运动:一种是自发的间歇微颤,频率在 $30\sim70$ Hz 之间,振幅为数十角秒左右。这种自发的高频眼动是人的视觉活动所必需的。注视运动的另外两种形式分别是慢漂移(Slow Shifts)和微跳动(Microsaccades)。前者的速度约为 $1(')/s$,运动幅度为 $(3\sim5)(')/s$,时程约为 0.2 s。慢漂移使目标逐渐离开中央凹的中心,微跳动纠正这个偏差,以保持正确的注视状态。

眼睛在注视点之间的快速转移称为眼跳动,简称眼跳。眼跳的功能是改变注视点,使下一步注视的内容落在视网膜最敏感的区域——中央凹附近,获得目标的详细信息。眼跳是一种联合运动(即双眼同时移动),其幅度为 $1°\sim40°$ 视角,持续时间为 $30\sim120$ ms,最高速度为 $(400\sim600)(°)/s$。在眼跳期间,几乎不获取任何信息。

为了和移动目标的速度相匹配,眼睛以较慢的速度运动称为平滑跟踪眼动,眼动的目的也是使物体的成像落在中央凹上。平滑跟踪运动需要在运动目标的刺激下才能产生,将静止的图像作为刺激输入时,只能产生眼跳。平滑跟踪运动的最大运动速度为 $30(°)/s$,当目标运动速度大于此值时,要进行眼跳。

对静止或运动的物体进行观察时,人眼同时进行多种形式的眼动。一般情况下,以上 3 种基本的眼动形式共同作用,眼睛才能完成对目标的瞄准和连续动态观察,从而保证清晰的视觉输入。

人类的视觉系统是通过瞳孔获取外部信息的。瞳孔大小的变化,起到调节进入眼内光量的作用。从生物物理角度说,有两种情况会使瞳孔大小发生变化。一是光的强弱,在强光照射时,瞳孔缩小以减小光线对视网膜的刺激;弱光时,瞳孔放大以使视网膜得到足够刺激。二是观察物体的距离,在看远处物体时,瞳孔放大以增加进入眼球的光线;看近处物体时,瞳孔缩小以减少进入眼球的光线。早在 20 世纪 70 年代,美国和以色列学者分别发现,瞳孔并不只是在光线暗淡时才扩大。某些心理过程(如知觉、记忆、思维、语言加工、动机、情绪等高级心理活动),也会影响到瞳孔的大小,因为负责拉伸虹膜的肌肉,通过大脑交感神经系统的神经末梢,也就是和边缘系统连接在一起,而边缘系统参与大脑活动,包括情感生成,学习过程和把学到的东西储存到长期记忆。当边缘系统特别活跃时,控制虹膜的肌肉就会得到扩大瞳孔的指令。

一旦边缘系统感觉紧张,这块肌肉就会变得无力,瞳孔就会缩小。而瞳孔的这种运动不受意识的控制,因此,它是判断一个人真正能承受多大工作负荷的一个可靠指标。

瞳孔大小作为新的指标被用来评价脑力负荷,它与脑力负荷之间的关系还没有给出确切的结论,只是在心理学领域除了阅读过程中紧张状态能够引起瞳孔的扩大。在汽车驾驶中驾驶员出现疲劳,瞳孔缩小,并且这一点在汽车行业已经得到了应用,2007 年在北京举办的国际智能交通博览会上,日本三菱汽车公司展出的一辆能够向疲劳驾驶员提出警告的汽车受到了关注,其原理就是在后视镜上面装了一个微型摄像头,随时测量驾驶员的瞳孔大小,当驾驶员的瞳孔源清醒状态相比缩小到一定尺寸时,会发出警报提醒驾驶员保持清醒,而当驾驶员的闭眼时间持续 3 s 时,在驾驶员座椅颈部的位置会喷出冷气并同时发出鸣笛,将驾驶员唤醒。由于瞳孔大小容易受到外界环境的干扰,瞳孔大小的变化一般只是结合其他脑力负荷评价指标来探讨。国内在心理学领域有过关于阅读疲劳对瞳孔大小的影响研究的报道,国外开展过不同难度的工作任务下瞳孔变化的研究。

4.4.4 海林定律

人的两个眼球并不像其他功能相同的两个器官,如肾脏和手。原因在于左右两眼的两个视网膜神经以半交叉结构通向左右半球大脑,这种结构有利于检测双眼视差,产生立体视觉。由此,双眼的运动也就有许多的约束条件,不像双手一样可以分别独立运动。视觉中枢总有单一视觉的倾向,一旦给双眼以视差刺激时,中枢就会控制双眼作对称的会聚运动,把双眼感觉到的重像融合成单一像。海林(Hallin)定律认为双眼的运动只能是同向同幅度的运动,或者是对称的会聚或反向的会聚运动,而没有其他形式。这充分说明了双眼是单个器官的两个部分,中枢神经总是发出一对信号同时控制左右双眼,因而双眼只能是共轭或对称运动。虽然立体视觉的获得是由双眼共同作用获得的,数据融合机制研究也需要研究双眼的数据,但是在眼动研究领域,一般都根据海林定律的双眼运动的一致性和相关性,认为在实际的眼动测量时,只要分析一个眼睛的运动规律就可以获得另外一个眼睛的运动情况。

4.4.5 眼动的驱动机制

有关研究者认为,自上而下的(Top - Down)认知模式不仅控制人的视觉,也控制着人的眼动扫视和注视,而且尽量使扫视路径最短。有相反的理论认为外部世界的特性以自下而上(Bottom - Up)的认知模式控制我们的视觉和眼动,将外部刺激信号先传给视网膜再经神经冲动传递给大脑。视野中信息的选择既有外源性控制(Exogenous Control),又有内源性控制(Endogenous Control)。前者是由刺激信息控制的信息选择,也称为刺激驱动或自下而上的信息选择;后者是由目标或期望控制的信息选择,也称为目标驱动或自上而下的信息选择。即眼动的驱动过程是由自下而上的过程和自上而下的过程两者共同起作用的,现在大多数研究人员都认同这一观点,人的眼动不只是简单、被动地由变化的环境驱动,也自发、主动地指向感兴趣的位置。Top - Down 主要依赖于知识和经验去驱动眼动,实验中,一般和特定的任务有关,也称任务驱动。Top - Down 眼动驱动机制可以对视阈内的信息进行有选择的加工,而不必搜索整个场景,是一种高效的眼动驱动机制。对于视阈里突然发生的变化,眼动以 Bottom - Up 方式做出反应,把注视点转向变化的物体,如明亮的闪光、运动的物体。

4.4.6　常用的眼动测量指标

为了便于描述,眼动研究人员把实验中各种眼动指标的表现称为扫视模式(Scan Pattern),不同的实验任务,扫视模式所包含的眼动指标种类也不一样。在航空工效的眼动研究中经常使用的指标如下:

(1)扫视轨迹(Scan Path)

扫视轨迹是将眼球运动信息叠加在视景图像上形成注视点及其移动的路线图,能具体、直观和全面地反映眼动的时空特征。由此判定各种不同刺激情境下、不同任务条件下、不同个体之间、同一个体不同状态下的扫视模式及其差异性。通过测量扫视轨迹就可以知道被试者获取信息的顺序,视线的转移方向,从而可以评判显示界面的布局或者人扫视路径的合理性。

(2)注视次数(Fixation Times)

注视次数分为总注视次数和区域注视次数。总注视次数是视野范围内所有注视点的总和,在评价显示信息的布局时,可以作为衡量搜索效率的指标,注视次数越多,可能显示区域的布局越不合理;总注视次数也可以作为衡量操作熟练程度的指标,但受扫视策略和任务的影响,不同的情境会有不同的表现,所以要在实验情境中具体分析。区域注视次数指视野中某一区域内的注视点数目,可以评价显示信息区域的重要程度,被注视的次数越多,显示区域也就越重要。

(3)注视时间(Fixation Duration)

注视时间分为总注视时间和平均注视时间。总注视时间是视野观察范围内所有注视点的注视时间之和。平均注视时间是总注视时间除以总注视点数得到的数值。注视时间指标可以作为衡量显示信息提取难易程度的指标,注视时间越长,被试者获取信息就越困难;也可以作为评价显示信息重要程度的指标,注视时间越长,说明被注视的信息越受关注,显示信息也就越重要。

(4)兴趣区域(Area of Interest)

研究人员为了便于研究分析,人为地将视觉信息采样区域划分成几个独立的区域。兴趣区域是研究人员根据研究需要划分的,区域形状可以是规则的,也可以是不规则的。在飞机座舱中,可以是某一块显示仪表或几块显示仪表,也可以是不同的综合显示器或者整个座舱内部。

(5)瞳孔大小(Pupil Size)

瞳孔大小指瞳孔直径或瞳孔面积的大小,是眼动研究领域广泛采用的指标。在眼动研究中,瞳孔指标对心理负荷的变化非常敏感,常被用来评价心理负荷。研究发现,在完成与认知有关的任务时,信息加工负荷的增大与任务难度的增加都可以引起瞳孔直径增加。这些认知活动包括短时记忆活动、语言加工、思维、知觉辨认等。此外,动机、兴趣、态度和疲劳也都会引起瞳孔大小的变化。目前生产的眼动仪基本都能够记录瞳孔大小的变化,也有专门用于测量瞳孔直径变化的瞳孔测量仪。

(6)扫视幅度(Saccade Amplitude)

扫视幅度指视线从一目标点移动到下一目标点所扫视过的角度值。一般和任务难度有关,随任务难度的增大而减小。实验中常用平均扫视幅度研究飞行员的眼动特征。平均扫视幅度指每次扫视幅度之和除以扫视次数。

(7)扫视速度(Saccade Velocity)

扫视速度指单位时间内眼睛移动的速度。一般和被试者的操作熟练程度、环境亮度和界面的信息设计有关。实验中常用平均扫视速度研究飞行员的眼动特征。平均扫视速度是指每次扫视速度之和除以扫视次数。

以上基本眼动指标经过加工处理,可以得到下列指标:

（1）注视点百分比

在对飞行员的眼动数据进行分析时,研究人员经常采用划分兴趣区域的方法将视觉信息源划分为不同的兴趣区域。某个兴趣区域内的注视点数目与所有兴趣区域内注视点数目之和的比值称为注视点百分比。注视点百分比指标描述飞行员对某一兴趣区域的关注程度。

（2）注视时间百分比

划分兴趣区域时,飞行员在某个兴趣区域内的注视时间与飞行任务中总注视时间的比值称为注视时间百分比。

（3）平均瞳孔变化率

在实验任务开始前,不让被试人员执行任何任务所测量的瞳孔大小的平均值称为基准值。在实验任务中每个时间点上的瞳孔大小减去基准值后与基准值的比值称瞬时瞳孔变化率。所有时刻的瞬时瞳孔变化率求和后取平均值称为平均瞳孔变化率。

（4）注视频率

单位时间内的注视点数目称为注视频率。一般以分钟为单位取值。

（5）扫视频率

单位时间内的扫视次数称为扫视频率。一般以分钟为单位取值。

（6）眨眼率与闭眼时间

眨眼率是指在单位时间内眨眼的次数;闭眼时间是指眨眼过程中眼睛闭合的时间。眨眼率与闭眼时间作为脑力负荷评价的生理指标主要应用于视觉操作任务。关于眨眼率和闭眼时间与脑力负荷的关系,有关研究的结论基本一致,即眨眼率一般认为与视觉脑力负荷相关,从无视觉脑力负荷到有视觉脑力负荷,从低视觉脑力负荷到高视觉脑力负荷时,眨眼率均减小。闭眼时间则相反,随着脑力负荷的增大,闭眼时间加长。眨眼率和闭眼时间受气流速度、空气温度、室内刺激性污染物的种类和浓度、照明条件等的影响。在受非意识的神经中枢控制时,眼刺激感觉的强度与眨眼率呈正相关。

4.4.7　眼动测量法

眼动测量法是进行眼动研究至关重要的手段。具有代表性的眼动测量法有:

① 直接观察法,即用肉眼直接观察被试者的眼动情况。

② 后像法,即利用闪光灯的高亮度闪光产生的视觉后像来研究人的眼动。

③ 机械记录法,包括头部支点杠杆法、气动方法、角膜吸附环状物法。

④ 电流记录法,包括电流法和电磁感应法。

⑤ 光学记录法,包括反光记录法、影视法、角膜反光法、光电记录法。

由于直接观察法、后像法和机械记录法的技术落后,准确性和精确性差,现代研究已不采用。当前电流记录法、电磁感应法和光学记录法及其相应的仪器设备应用得最多。

在眼动测量法发展历程中,Javal(1878)最早用直接观察法对被试者的眼动进行了观察测量,之后新的眼动测量法不断出现,如机械记录法、光学记录法(包括红外光电反射法、红外电视法和角膜反光法)、电磁感应法、电流法等。直接观察法和机械记录法在眼动研究的早期发现了一些重要的眼动现象,在历史上起到了不容忽视的作用,但由于方法粗糙,缺乏准确性,早已被淘汰。目前应用最多的是光学记录法,即红外光电反射法、红外电视法和角膜反光法。

角膜能反射落在它表面上的光,这就是角膜反光。由于角膜是凸出的,当眼球运动时,如果利用红外光照射角膜,就可以得到来自角膜不同方向的反射光线。分析光线的变化就可以精确地知道眼睛的盯视位置。角膜反光法是一种重要的眼动记录方法。这种方法最大的优点是被试者的眼睛可以不附加任何装置,使实验更加自然,许多研究都采用这类眼动仪。国际上不少生产厂商也都采用这种原理设计新的产品,如美国应用科学实验室(American Science Laboratory,ASL)生产的系列型号的眼动仪、加拿大 SR 公司生产的 Eyelink II 型头盔式眼动仪和德国 SMI 公司的 Iviewx 系列眼动仪等。

红外光电反射法的原理是用不可见的红外光照射眼部,在眼部附近安装两只红外光敏管,使虹膜与巩膜交接的边缘处的左右两部分反射的红外光,分别被这两只光敏二极管接收,当眼球向右运动时,虹膜转向右面,右边的光敏管所接收的红外线就减少;相反,左边的巩膜反射部分增加,因而左边的二极管所接收的红外线就增加。将这两只光敏二极管接入差分放大器,除去共模信号就能得出相当于眼球位置的差分信号。当眼球向左转时,过程恰好相反,就能无接触地测量眼动。

红外电视法是用红外光线照射眼睛,利用眼睛各部分对红外光反射特性各异的特点,用对红外敏感的电视摄像管将眼部的像转换成视频电视信号,经过信号处理或图像处理就能得到垂直和水平方向的二维眼球位置信号。将此信号输入计算机,就可以对眼球位置信号进行视场叠加和处理。

眼动仪是利用现代眼动记录技术制造出的眼动记录设备,目前的眼动试验基本上都是利用眼动仪进行的。眼动仪能够测量的眼动参数有注视轨迹、注视次数、注视时间、首次注视点数目及分布、注视区域、花费在凝视一个兴趣区上的驻留时间、眼球跳动时间、眼跳距离、瞳孔直径、眨眼次数、眨眼持续时间、眨眼时的眼跳距离等。利用先进的眼动仪记录瞳孔变化、眨眼率和闭眼时间来分析不同难度的任务水平下这些参数的变化,用来分析脑力负荷。具体眼动仪的发展见表 4-1 和表 4-2。

表 4-1 眼动仪发展介绍

分类		指标	优点	缺点	生产商
观察法、后像法、机械记录法		眨眼、瞳孔		技术落后、准确性和精确性差	
电流记录法	电流法	水平和垂直的眼动情况	① 头部的运动不会影响记录结果;② 记录时不用直接接触眼睛	记录的是电位差的相对数值,需进一步推算才能得到眼动的运动情况	法国 Metrovision 公司生产的 Model Mon EOG 眼动仪
	电磁感应法	垂直和水平方向眼动	数据精确	被试人员感到不适;头部不能移动	荷兰 SKALAR 公司生产的电磁感应眼动记录系统(Sclera Search Coils Systems)
光学记录法		指标全面	精度高		见表 4-2

表 4 - 2 光学眼动仪的性能及特点

名 称	EVM3200 型	R6 型单目眼动系统	EyelinkⅡ型	iView X	ASL2310 型
系统构造	包括控制单元(电子单元、主处理机和视频监视器)、光学探头(瞳孔摄像机、定位摄像机和照灯)和场景摄像机	包括 6000 系列控制单元,远置光学系统,远置彩色摄像头 2 个黑白监视器,EYEPOS 操作软件,YENAL 数据分析软件,软件开发工具包	包括测试主计算机、图像显示计算机和头盔	① 头盔式视觉追踪眼动仪; ② 遥控视线追踪眼动仪; ③ 高速视线追踪眼动仪	包括一个小型控制单元和一个传感器组件
技术参数	采样率: 50 Hz。实际眼位与测量计算的误差≤1°。视觉范围:水平 40°、垂直 30°	采样率:50 Hz 或 60 Hz、120 Hz 和 240 Hz。系统精度:0.5°视角范围。头部移动范围:1 平方英尺。光学系统距眼睛最大距离:40 英寸。视觉范围:水平 50°、垂直 40°	采样率:500 Hz。头部旋转校正范围:±15°。准确度、平均注视位置误差 <0.5°,视角约为 28×22°。实时操作反馈,最小时滞<3 ms	采样率:1 250 Hz/350 Hz。注视点精度<0.5°。视觉范围:水平±30°、垂直 30°/-45°	采样率:1 000 Hz。系统精度:水平 1°、垂直 2°。系统精密度:水平 0.25°、垂直 1°。视觉范围:水平 30°、垂直 30°
特点	采用了计算机、远红外线定位和摄像等高新技术,数据系统记录容量大、速度快、精度高	被试者不用带头盔,但所提供的刺激物仅限于单一平面;采用亮瞳孔技术,捕获能力高、对比效果好	准确度高、误差小,头盔轻便,和大多数眼镜或隐形眼镜兼容,易于设置、标定和校正	操作简单易学,使用灵活,性能稳定,记录准确,头盔轻便,可与其他仪器或软件结合使用等	输出的是电信号,易于与计算机连接;具有高频特性

目前世界上眼动仪生产厂商众多,表 4 - 3 列举了一些主要的生产厂商、应用领域及其用户。国内在眼动仪的研制方面有过一些探索。20 世纪 80 年代末,中国科学院上海生理研究所研制了红外光电反射眼动测量装置。它是通过红外发光管、光敏管发射和接收眼球左右运动时,角膜与巩膜反射红外光线大小的变化来测量眼动。20 世纪 90 年代末,西安电子科技大学利用红外电视法获取眼睛瞳孔的位置图像,自行研制出了头盔式眼动测量系统,并向商业化迈进了一步。

表 4 - 3 眼动测量仪器生产厂商数据库

国 家	厂 商	应用领域	主要用户
美国	Applied Science Laboratories(ASL)	核磁共振;交通驾驶;人素研究;心理学和认知研究,可用性分析;虚拟现实研究;市场研究;网页分析	美国空军人力资源实验室;亚力桑那威廉姆斯空军基地;加拿大海军健康研究中心;波音公司等
德国	SensoMotoric Instruments GmbH(SMI)	临床研究;阅读研究;心理生理学;核磁共振;模拟驾驶;人机交互;心理认知	Massachusetts 大学心理系和眼追踪实验室;Detroit Mercy 大学心理系;Rochester 大学脑认知科学等

国　家	厂　商	应用领域	主要用户
加拿大	SRresearch (Eyelink)	阅读研究;交通驾驶;神经科学,心理认知;人素研究	主要是欧洲、美洲和亚洲一些大学的心理系
加拿大	EL - MAR Inc	航空	美国空军研究实验室;美国联邦航空总署(FAA);韩国原子能研究院;加拿大国防部等
美国	ISCAN Inc	交通驾驶;航空	依阿华大学操作绩效实验室
美国	LC Technologies,Inc	残疾人研究;替代键盘	马里兰残疾人研究培训研究所;工效实验室
德国	AmTech Gmbh	临床研究;睡眠研究	
荷兰	Mooij Holding	网站站点分析	欧洲航天总署(ESA)
澳大利亚	Seeing Machines	交通驾驶;模拟器;心理认知;人机界面研究	
法国	Alphabio Technologies	工效学,眼科学,神经科学	NASA;欧洲航天总署;雷诺汽车等
英国	Vision Control Systems	虚拟现实;残疾人;替代键盘;交通驾驶;市场研究	

理想的眼动测量系统应该有以下几个特点:

● 容易使用,安装和标定快;

● 数据的收集和分析简单迅速;

● 实时观察扫视路径;

● 对被试者无干扰,运动不受阻碍;

● 体积小、价格低,同其他商用软件兼容;

● 测量精度高(分辨率<0.5°),可同时追踪多个使用者。

4.5　生理测量法的应用

4.5.1　脑电测量法的应用

P3 波主要集中应用在更多的检测方法对不同特征认知障碍进行有针对性的认知缺陷研究,如视空间图像的学习、数字的重现、喜怒哀乐不同表情的辨认;可分别对空间定向力、持续注意力、记忆力、情绪变化等进行判断。在医学上主要应用于痴呆,精神疾病,脑血管疾病,脑外伤,酒精、药物依赖及药效检测,疾病遗传性的标志性指标等。

在工作负荷测量方面的应用,主要是因为 P3 波是由一系列正向波叠加而成的,记录的内容主要有潜伏期(LAT)和波幅(AMP),由于 P3 波是一种内源性成分,不受刺激物理特性的影响,反映的是操作者内部资源消耗的信息,是操作者努力程度的反映。任务脑力负荷越大,操作者需要投入的内部资源就越多,因此 P3 波就越显著,即潜伏期越长,波幅越大。下面两个图形(见图 4 - 2 和图 4 - 3)是两个典型的在不同任务难度和不同输入通道的 P3 波,TO 是指视、听双任务,TS 是指视、视双任务。由图可以看出下列趋势:双任务的难度增加时,P3 的 LAT 延长,TO 双任务与 TS 双任务相比其 LAT 较短;AMP 的变化趋势则与附任务形式有关。主、附任务分别为视、听不同输入通道的 TO 双任务的 AMP 随任务难度增加而降低,主、附任务均为视觉输入通道的 TS 双任务的 AMP 随任务难度增加而升高。这是由于主、附任务共用同一视觉输入通道时,主、附任务均消耗视觉相关的脑力资源(同种资源),所以可将主、附任务构成的双任务认为是二者组成的与视觉需求有关的单任务,随此单任务难度提高,投入的相关脑力资源增加,因此其诱发的 P3 波 AMP 升高;当主、附任务用不同输入通道时(视、听),主、附任务消耗不同种类的脑力资源(异种资源),此时存在资源竞争,主任务脑力负荷增加,则消耗的资源也增加,因而投入到附任务中的脑力资源减少,其诱发的 P3 波波幅降低。至于 P3 的 LAT,一般认为脑力负荷加重,LAT 延长,这可能反映了中枢信息处理过程的减慢。

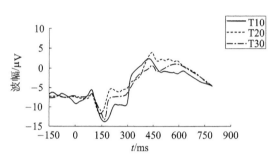

图 4-2　TO 双任务 P3 波图形　　　　图 4-3　TS 双任务 P3 波图形

4.5.2　心电测量法的应用

心电指标除了作为人体疾病监测指标之外,最重要的应用领域是作为人体工作负荷的测量指标。例如,通过测量驾驶员、飞行员在操作过程中心率(Heart Rate,HR)、心率变异性(Heart Rate Variability,HRV)的变化,评价其执行任务的工作负荷的大小。

心率是一个评价驾驶员工作负荷的敏感指标,心率的增加与工作负荷的增加有关。在驾驶过程中,特别是信息量负荷大、操作要求复杂时,心率显著增加,驾驶员在情绪应激时会伴随着高的心率反应。连续的心率监测能为不同行车阶段的工作负荷评定提供不间断的数据。在不同道路、交通环境的条件下,驾驶员的心理变化较大,出现舒适、紧张等不同的状态,这些在心率变化中都能够体现出来。

心率变异性是指连续窦性心跳间期(瞬时心跳)的微小涨落。在安静的情况下,心率的变化主要是受到迷走神经的调节,而在运动、情绪紧张等情况下,交感神经兴奋占优势。HRV 被应用于工作负荷的测量,用 HRV 值的波动情况反映交感神经活动的强弱,从而定量地评估驾驶员工作负荷。在加载工作负荷时,HRV 减小;工作负荷越高,HRV 越低。

4.5.3　心电指标的应用

南京航空航天大学的魏水先在攻读硕士期间,应用心电指标对飞行员工作负荷做了评价。由于不同的飞行阶段、不同的飞行复杂程度给飞行员造成的心智努力和工作负荷不同,工作负荷高会导致飞行员的紧张程度增加,飞行员容易疲劳,进而严重威胁飞行安全。采集了不同飞行经验的被试者,完成了不同飞行任务,记录了被试者的心率。

　　按照不同的飞行阶段对所有被试者的心率和心率变化量进行统计分析,所有被试者的心率均值见图4-4,心率变化量均值见图4-5。从图形基本可以看出,不同飞行阶段下被试者的心率和心率变化量有明显的不同。因此,可以得出结论:不同飞行阶段被试者的工作负荷存在显著性差异。图中心率和心率增长量波峰的飞行阶段都为第一(编号为1,2,3)和第三(编号为6,7,8,9)阶段。因此,对于实际飞行而言,虽然第一和第三阶段在整个飞行过程中所占时间最短,但所需的心智努力程度最高,即工作负荷高。对比心率和心率变化量的变化规律近乎一致,则在分析不同试验情境下的总体的变化规律,采用心率或心率增长量结论是一致的,具有通用性。心率和心率增长量都可以作为个体工作负荷的表征指标,由于心率的个体差异性较大,故在二者之间选择心率变化量作为工作负荷表征指标。

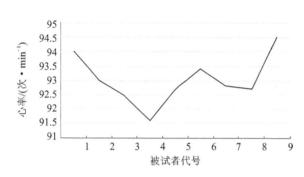

图4-4　所有被试者各飞行阶段的平均心率　　　　图4-5　所有被试者各飞行阶段平均心率变化量

4.5.4　眼动测量法的应用

　　眼动测量法在各行各业都得到了应用。

　　① 界面设计。通过眼动研究,可以得知人在观测信息时的扫视选择和注视过程,获知人对不同信息的关心程度,为人机界面设计提供依据。对已有界面,则可以利用眼动数据检测和评价其工效的好坏。

　　② 视觉控制输入。运用视觉追踪技术,把人眼作为计算机的一种输入工具,形成视觉输入人机界面。这样,能简化交互过程,增加人与计算机之间的通信带宽,降低人的认知负荷,交互更加自然。

　　③ 任务负荷分析。任务负荷对眼动系统有较大的影响,在不同的负荷下,人表现出不同的眼动轨迹特征。根据眼动记录数据,就可以进行任务负荷的分析,以合理地设计和评价任务量。

　　④ 身体状态监测。人的身体状态,如焦虑、紧张、疲劳、瞌睡等会通过不同的眼动规律反映出来。通过监视人的眼动规律,及时检测出人的身体状态,从而有效地控制人的活动。例如,在汽车驾驶中驾驶员出现疲劳,瞳孔缩小,并且这一点在汽车行业已经得到了应用,2007年在北京举办的国际智能交通博览会上,日本三菱汽车公司展出的一辆能够向疲劳驾驶员提出警告的汽车受到了关注,其原理就是在后视镜上面装了一个微型摄像头,随时测量驾驶员的瞳孔大小,当驾驶员的瞳孔与清醒状态相比缩小到一定尺寸时,会发出警报,以提醒驾驶员保持清醒,而当驾驶员的闭眼时间持续3 s时,在驾驶员座椅颈部的位置会喷出冷气并同时发出鸣

笛,将驾驶员唤醒。

⑤ 认知特性研究。眼动与人的认知特性是紧密相连的。随着研究方法的进步,研究者发现认知因素在很大程度上决定了自然任务状态下的眼球运动,通过眼动数据可以得出某些认知特性的规律。

⑥ 应用于医学。在眼动系统中,某些眼动参数可以反映人体某些器官或神经的功能特性,因此,它在医学上的应用已开始发展。

在使用眼动参数评价脑力负荷的研究中,飞行员对视觉信息的处理需要短时记忆,同时结合人类短时记忆力的研究结论,设计从低负荷到高负荷的短时记忆任务,并在实验中记录了被试者在完成任务过程中的眼动数据,通过数据统计分析获得的结论显示,瞳孔变化率、闭眼时间和眨眼率与脑力负荷相关。将它们的测量值与初始值比较得到它们的变化率(眨眼变化率、闭眼时间变化率和瞳孔变化率),发现瞳孔变化率、眨眼变化率和闭眼时间变化率在第一和第二脑负荷等级,变化不稳定,从第 3 等级开始稳定变化,到达第 7 等级时出现拐点,瞳孔变化率与眨眼变化率从增加开始减小,闭眼时间变化率开始急剧增加,说明它们在脑力负荷达到一定程度之后会出现极限状况,并且给出了在不同的脑力负荷级别下对应的眼动参数取值范围,见表 4 - 4。

表 4 - 4　眼动参数的不同级别的取值范围

脑力负荷等级	瞳孔变化率	眨眼变化率	闭眼时间变化率
低水平	<0.1	<0.3	<0.5
3	[0.1,0.18)	[0.3,0.38)	[0.5,0.7)
4	[0.18,0.26)	[0.38,0.44)	[0.7,0.92)
5	[0.26,0.34)	[0.44,0.55)	[0.92,1.2)
6	[0.34,0.5)	[0.55,0.61)	(1.2,1.58)
7	[0.5,0.55)	[0.61,0.7)	(1.58,1.75]
高水平	<0.55	<0.7	>1.75

随着眼动研究的深入,目前在许多专业领域也开展了针对具体对象的眼动研究和应用,如航空领域、医学领域、体育界等。实际上,眼动是一个相当复杂的过程,各种眼动形式之间及其控制系统之间都存在相互作用,不同方面的眼动研究在很多地方是交叉的。经过了 100 多年的探索,在眼动研究方面已经取得了很多重要成果,但目前仍有许多问题没有研究清楚,如眼动的认知模式、控制机制、动态特性等,仍有待进一步研究。随着眼动测量技术的发展,研究者们将会有更精确、更方便、更快捷的方法来记录眼动,眼动研究的应用也将更加广泛。

4.6　眼动参数应用示例一

眼动参数评价脑力负荷的结论可以应用到对战斗机驾驶舱工效的评价上,这进一步拓宽了眼动参数的应用领域。本小节以眼动参数评价驾驶舱工效指南在某型号直升飞机模拟器上的试验研究为例,介绍眼动参数评价脑力负荷的应用,同时本例也验证眼动参数评价驾驶舱工效的科学性和可行性。

1. 试验准备

被试者为飞行时间在 2 000 h 之上的熟练飞行员。试验设备系统是某型号直升飞机模拟器和眼动测量系统。被试者按照固定的飞行路线,完整地执行一次起落任务,飞行过程中经历的飞行阶段有起飞、悬停、爬升、平飞、转弯、平飞、转弯下降减速、着陆点上空悬停、下降。

被试者开始执行任务前,介绍试验任务的研究背景。为了避免外界环境因素对眼动测量的干扰,控制试验环境中的照明、噪声等因素,保持不变。对眼动测量系统进行标定,标定是试验程序的重要环节,标定的质量将影响最后测量的眼动数据的精度,所以一定要认真完成。Eyelink II 系统的标定包括平面标定和场景标定。平面标定时让被试者坐在计算机显示器前注视屏幕,显示器平面上将随机在不同位置出现 9 个注视点,如果被试者的视线与该点重合,则该点消失,然后随机在另外一个位置上出现注视点,直到 9 点标定完成。平面标定的最后会在主试计算机上呈现标定的误差精度值,如果每个点的误差都不超过 1.5°将显示"good",大于 1.5°将会出现"worse",此时需要重新进行平面标定。平面标定完成后要进行场景标定。场景标定主要是深度标定,即在纵深的不同距离上选取 3 个位置,让被试者分别盯视 3 个位置上的一个参考点,第一个参考点必须是显示器上的点,然后在显示器的近端和远端分别选取一个点让被试者盯视即完成深度标定。

标定完成后让被试者坐进座舱,先练习 5～10 min 以适应模拟器的操纵和熟悉任务。记录被试者在安静状态下的眼动数据,作为眼动指标的初始值。按照任务要求,开始正式进行试验,被试者完成了 4 次飞行。每一个被试者开始任务前都要重新进行标定,执行相同的程序。

2. 试验数据的记录

眼动测量系统自动记录了被试者的视频数据和数值数据,视频数据以 *.avi 格式存储到计算机上,数值数据以 *.edf 格式存储到计算机上。视频数据可以由目前的各种视频播放软件播放,也可以由 EyeLink II 的 Scene camera 软件读取进行回放或者逐帧读取分析。*.edf 格式的数据文件由 Eyelink II 系统自带的软件 Eyelink data viewer 读取。Eyelink data viewer 功能丰富,可以对原始的数据文件进行初步提取和处理,生成各种眼动指标,如盯视数据、扫视数据、瞳孔数据、眨眼数据等。研究人员可以根据自己的需要选择适合自己研究的指标进行处理与分析。数据处理前需要在 data viewer 里设定注视时间阈值(Fixation Duration Threshold)和扫视幅度阈值(Amplitude Threshold),系统默认值分别是 50 ms 和 1.0°,这里按照眼动研究人员普遍采用的阈值,分别设置为 100 ms 和 1°。

3. 试验结果与分析

通过对被试者眼动数据的整理,得到被试者在静止状态和执行任务过程中的眼动数据,见表 4-5。将静止状态下测量得到眨眼率作为眨眼变化率(BCR)的初始值(B_0),将被试者执行任务初始点的瞳孔大小作为瞳孔变化率(PCR)的初始值(P_0),通过计算每个飞行任务的眼动参数,得到 4 次任务中瞳孔变化率和眨眼变化率分别为:(0.24,0.399)、(0.36,0.376)、(0.33,0.32)、(0.15,0.196)。

通过比较试验结果可以看出,在前 3 次飞行任务中,被试者的脑力负荷处于中等水平,在第 4 次任务中,被试者的脑力负荷处于低水平,这是由于当进行到第 4 次飞行任务时,被试者已经非常熟悉飞行任务,因此脑力负荷水平下降。被试者执行任务的模拟器是某型号直升机,显示布局已经得到了认可,通过主观评价法对驾驶舱工效已经做过评价,因此,眼动评价给出的结果与实际情况吻合,说明眼动参数评价驾驶舱工效能够给出科学的结果,将眼动参数应用到驾驶舱工效评价的工程实践中是可行的。

表4-5 被试者眼动数据

任　务	任务时间/ms	瞳孔平均值/像素	眨眼次数/次
静止状态	22 395	1 301	4
第一次飞行	244 960	2 007	27
第二次飞行	197 391	2 401	22
第三次飞行	229 643	2 101	33
第四次飞行	324 941	1 825	41

4.7　眼动参数应用示例二

柳忠起进行了专家和新手扫视行为的对比试验,实验设计和结果示例如下(柳忠起,2007)。

4.7.1　实验设计

1. 实验被试者

实验被试者为24位模拟飞行爱好者,他们的飞行技能是在PC(Personal Computer)上得到的。在PC上的模拟飞行中,主要的硬件设备包括一台PC、游戏杆、手柄和踏板。飞行任务由安装在计算机里的商用模拟飞行软件生成。仪表显示信息和视景呈现在计算机的显示器上。通过游戏杆、手柄、踏板以及计算机键盘操纵控制。被试者中,其中10名训练有素,飞行时间较长,定义为专家。其余的14名是初级爱好者,飞行时间较短,定义为新手。他们的年龄为20~30岁,视力或矫正视力全部正常,都在1.0以上,没有其他眼疾。他们都能完成各种基本的模拟飞行任务。

2. 实验设备

实验设备系统主要包括飞行模拟器和眼动测量系统。

飞行模拟器属于固定基座型,目前国外的眼动实验研究基本都是在这类模拟器上进行的,国内军方的模拟训练也大都是在这类模拟器上进行的。本研究模拟器的原型是国产某型号的军用战斗机,经过验证具有较高的效度。包括真实的座舱、操纵杆、油门杆、方向舵、和真实的飞行动力系统,能完成飞机的加速、减速、俯仰、偏航和横滚等的基本控制。仪表显示在一个304 mm×228 mm的液晶显示器上,包括高度仪表、速度仪表、姿态仪表,航向、升降速度等主要的飞行仪表,主要显示仪表布局示意图如图4-6所示。座舱视景系统是采用美国Mutigen-Paradigm公司的三维建模软件Multigen/Vega开发的,运行在WinNT平台上,视景系统的建模包括一个机场和它附近的地形,如丘陵、公路、城镇以及湖泊树木。通过纹理技术,对模型加以处理,达到了理想的效果。视景系统运行在双CPU(2×PⅢ500)计算机上,由广角投影仪投影到前边的幕布上,幕布的规格

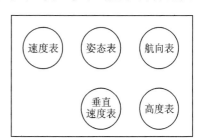

图4-6 主要显示仪表布局示意图

为 2 m×2 m。采用双 CPU 是为了保证图形处理的速度以及不同距离地形的细节水平的逼真度。视景系统通过与座舱内操纵系统的交互,可以逼真地实现飞行时的场景要求。

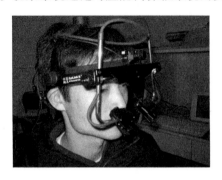

图 4-7　Eyelink II 眼动仪的头盔

眼动测量系统是加拿大 SR Research 公司的最新产品 Eyelink II 测量系统,图 4-7 所示是其主要部件头盔。测量系统的主要硬件包括两台 PC 机、眼动仪头盔、信息采集卡、眼动数据叠加处理器和视频信号处理器。其测量系统框图如图 4-8 所示。

Eyelink II 测量系统具有以下主要特点:

(1)分辨率高、误差小

Eyelink II 系统分辨率可达 0.01°视角,凝视误差小于 0.05°。实验中即使头盔有轻微的滑移,也不影响实验数据的精度。

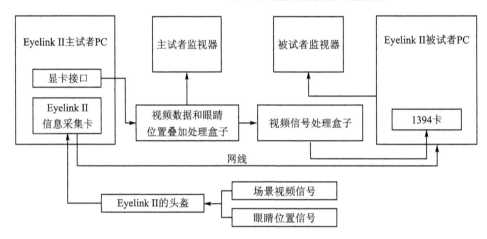

图 4-8　Eyelink II 眼动测量系统框图

(2)采样频率高

采用瞳孔反射追踪模式,Eyelink II 系统采样频率可达 500 Hz。如果采用角膜和瞳孔反射追踪模式,采样频率为 250 Hz。如果涉及场景任务实验,则必须用第二种模式。本实验采用角膜和瞳孔反射追踪模式。

(3)头盔质量轻,佩戴舒适,对实验任务无干扰

眼动仪的头盔只有 420 g,以被试者的整个头部支撑其重量,实验中被试者的头部还可以自由转动。

(4)可以在线分析,也可以离线分析

Eyelink II 的头盔上有 3 个摄像头,其中 2 个眼睛摄像头采集眼睛位置信号,1 个场景摄像头对实验的场景录像。录像和眼睛的位置信号叠加后以视频的形式存放在计算机的硬盘里,实验后可以对视频数据回放分析,也可以从监视器里对视频数据进行现场分析实时获得被试者的眼动信息。

(5)对被试者的视力要求宽松

只要不是高度近视,Eyelink II 系统允许被试者佩戴近视眼镜。这样就扩大了被试者的

人群,更便于数据的采集。

　　较之当前市场几款流行的眼动测量装置,Eyelink II 系统的以上特点是比较先进的,也是选择它的主要原因。

3. 实验任务

　　实验要求被试者按照目视飞行规则(Visual Flight Rule,VFR)在无风晴朗的天气完成模拟降落任务。降落时飞机对正跑道,距离地面高度 400 m,距离跑道中心 5 400 m,如图 4 - 9 所示。降落时要求他们保持好飞机姿态,尽量准确、平稳地降落到跑道上。

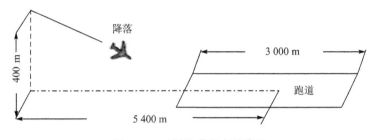

图 4 - 9　实验降落任务示意图

4. 实验程序

　　(1) 实验任务背景介绍

　　每一个被试者开始任务前,都要接受关于实验任务的研究背景介绍。

　　(2) 眼动测量系统的标定

　　标定是实验程序的重要环节,标定的质量将影响最后测量的眼动数据的精度,所以一定要认真完成。Eyelink II 系统的标定包括平面标定和场景标定。平面标定时让被试者坐在计算机显示器前注视屏幕,显示器平面上将随机在不同位置出现 9 个注视点,如果被试者的视线与该点重合,则该点消失,然后随机地在另外一个位置上出现注视点,直到 9 点标定完成。平面标定的最后会在主试者计算机上呈现标定的误差精度值,如果每个点的误差都不超过 $1.5°$,将显示“good”;如果大于 $1.5°$,将会出现“worse”,此时需要重新进行平面标定。平面标定完成后要进行场景标定。场景标定主要是深度标定,即在纵深的不同距离上选取 3 个位置,让被试者分别盯视 3 个位置上的一个参考点,第一个参考点必须是显示器上的点,然后在显示器的近端和远端分别选取一个点让被试者盯视即完成深度标定。

　　(3) 任务练习

　　标定完成后让被试者坐进座舱,先练习 5~10 min 以适应模拟器的操纵和熟悉任务。

　　(4) 开始实验测量

　　按照任务要求,开始正式实验,每个被试者完成 4 次降落任务。

　　每一个被试者开始任务前都要重新进行标定,执行相同的程序。实验任务场景如图 4 - 10 所示。

5. 实验数据的记录

　　在实验过程中,测量系统记录了模拟器飞行的飞行参数数据和眼动数据。

　　模拟器的数据库系统以 2 Hz 的采样频率自动记录飞行参数数据,包括与飞机飞行有关的一些主要参数。数据库测量系统的界面如图 4 - 11 所示。

图 4 - 10　现场实验场景图

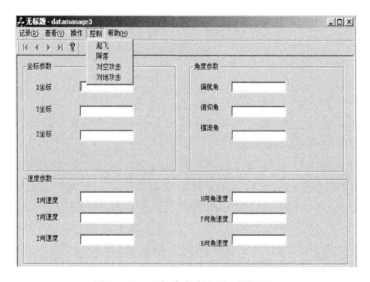

图 4 - 11　飞行参数数据库测量界面

眼动测量系统自动记录了被试者的视频数据和数值数据,视频数据以 * . avi 格式存储到计算机上,数值数据以 * . edf 格式存储到计算机上。视频数据可以由目前的各种视频播放软件播放,也可以由 EyeLink II 的 Scene camera 软件读取进行回放或者逐帧读取分析。* . edf 格式的数据文件由 Eyelink II 系统自带的软件 Eyelink data viewer 读取。Eyelink data viewer 功能丰富,可以对原始的数据文件进行初步提取和处理,生成各种眼动指标,如盯视数据、扫视数据、瞳孔数据、眨眼数据等。研究人员可以根据自己的需要选择适合自己研究的指标进行处理与分析。数据处理前需要在 data viewer 里设定注视时间阈值(Fixation Duration Threshold)和扫视幅度阈值(Amplitude Threshold),系统默认值分别是 50 ms 和 1. 0°,这里按照眼动研究人员普遍采用的阈值,分别设置为 100 ms 和 1°。

4.7.2　实验结果

1. 专家和现役飞行员的飞行绩效对比

在实验中用到的被试者全部为 PC 机上的模拟飞行爱好者,他们在模拟器上的飞行数据和真正的飞行员有多大差距,或者说他们的实验数据能否代表飞行员的数据需要进行验证。这里将专家和从有关研究中获得的 6 名现役军机飞行员的飞行绩效数据进行了对比。6 名现役军机飞行员的飞行数据来自于空军某训练中心的同型号模拟器。

飞行员执行任务时,能否把握好飞机在三维空间中的姿态是衡量其驾驶技术高低的重要标志。飞机俯仰角度、滚转和偏航是飞机轴向控制上的 3 个关键参数,通过对飞行参数的处理,得到了俯仰角度、偏航角和横滚角 3 个主要绩效参数。在降落过程中,飞机降落的稳定性是飞机安全平稳着陆的关键。通过对飞行参数的加工处理,得到降落速率标准差数据来衡量降落的稳定性,降落速率标准差越大,飞行员的降落性能越不稳定。由此得到了评价飞行员飞行绩效的 4 个指标:俯仰角度、偏航角、横滚角偏差和降落速率标准差。用飞行参数处理后得到的指标来衡量飞行绩效的方法称飞行参数法。在实验研究中,飞行参数法是评价飞行员飞行技术水平的常用方法,有关文献里还介绍了其他一些方法。专家和现役飞行员的飞行绩效对比如表 4 - 6 所列。

表 4 - 6　专家和飞行员的飞行绩效对比

比对指标	俯仰角度/(°)		航向偏差/(°)		横滚角度/(°)		降落速率/(m·s⁻¹)	
	范围	平均	范围	平均	范围	平均	范围	标准差
专　家	$(-4.92,5.06)$	2.55	$(-2.95,1.04)$	1.43	$(-10.17,9.49)$	3.45	$(-19.79,3.45)$	5
现役飞行员	$(-2.59,7.37)$	2.72	$(-3.47,4.07)$	2.47	$(-7.57,13.53)$	4.15	$(-12.33,0.00)$	2.54
t 检验 P 值	0.684		0.138		0.562		< 0.05	

可以看出,除了在降落的稳定程度上专家模拟飞行人员不如现役飞行员,对飞机 3 个轴向的控制上二者没有明显差异。因此,可以认为实验中得到的专家数据具有代表性。

2. 专家和新手的飞行绩效对比

专家和新手的降落过程曲线如图 4 - 12 所示。

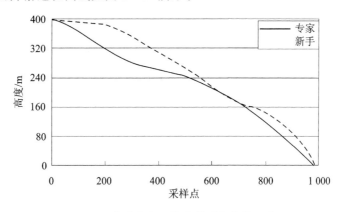

图 4 - 12　专家和新手的降落过程曲线示意图

为比较专家和新手模拟飞行技能的差异,用上述的 4 个飞行绩效指标将专家和新手的飞行绩效进行了对比。图 4 - 13～图 4 - 16 是专家和新手的对比结果。可以看出,专家对 3 个轴向的控制明显好于新手,表现出了良好的驾驶技能。特别是在航向控制和横滚角度控制上,专家和新手的差异较大。在降落的稳定性能方面专家也明显好于新手。

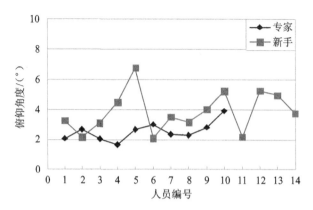

图 4-13　专家和新手的俯仰角度对比

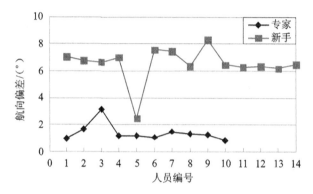

图 4-14　专家和新手的航向偏差对比

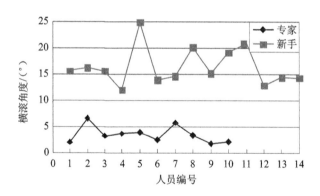

图 4-15　专家和新手的横滚角度对比

　　飞机在三个轴向上的飞行绩效指标代表了飞行员控制飞机姿态的能力,即三个轴向指标可以整合为一个总指标——飞机姿态偏差角指标。这样可以更清楚地对比专家和新手在姿态控制上的差异。姿态偏差角的定义如下:

$$姿态偏差角=(俯仰角度-0)+(航向偏差-0)+(横滚角度-0)=$$
$$俯仰角度+航向偏差+横滚角度$$

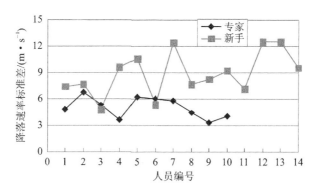

图 4-16　专家和新手降落稳定性对比

上述表达式的意义是,航向偏差和横滚角度为 0 时在这两个轴向上飞机姿态是最佳的,所以两个维度都以 0 为基准;要使飞机平稳而又安全地着陆,俯仰角度应该尽量小。虽然下降时应该有一定的角度,这里做了处理也以 0 为基准,以便于对比。姿态偏差角的定义把三个轴向的绩效指标以等重要度做了简化处理,如果只是简单地对比绩效差异,这样处理是合理的。专家和新手的姿态偏差角对比结果如图 4-17 所示。

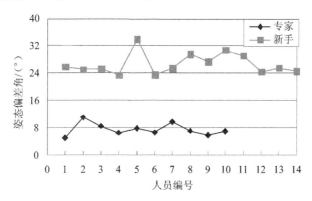

图 4-17　专家和新手的姿态偏差角对比

从以上对比结果可明显看出,专家的驾驶技术不仅在综合技术指标(姿态偏差角)上优于新手,而且在三个轴向的绩效指标上优于新手,降落的稳定性上控制得也比较好。

3. 专家和新手眼动数据的对比

眼动测量设备的软件系统记录了大量的眼动数据,进一步数据处理后得到了 6 个眼动指标,这 6 个指标都是眼动研究中使用较多的指标,分别是平均注视时间、平均扫视幅度、平均瞳孔变化率、平均扫视速度、注视频率和扫视频率(各眼动指标的定义参见第 1 章中的 1.2.5 小节)。图 4-18~图 4-23 所示是 10 位专家和 14 位新手的眼动指标对比。

从图 4-18~图 4-23 的对比结果可以看出,专家和新手在 6 个眼动指标上具有明显的差异。专家的平均注视时间较短,平均瞳孔变化较小;专家的扫视幅度较大,扫视速度较快;专家具有较大的扫视频率和较大的注视频率。另外,从眼动仪的视频回放可以看到,专家和新手在注意力分配方面的一个显著差异,专家不仅关注外景,而且还间隔扫视座舱内仪表;而新手只是在座舱外部视景上扫视,基本都不关注仪表,而且注视位置几乎都集中在狭窄的跑道位置上。

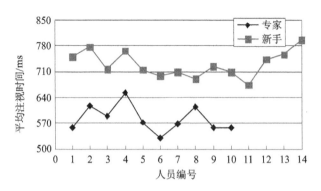

图 4-18　专家和新手的平均注视时间对比

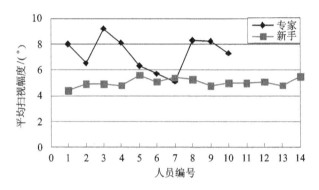

图 4-19　专家和新手的平均扫视幅度对比

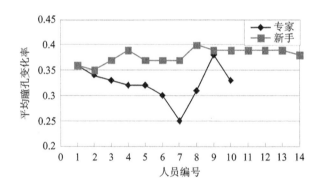

图 4-20　专家和新手的平均瞳孔变化率对比

4.7.3　分析和讨论

1. 扫视模式差异的分析和讨论

研究发现,新手比熟练的飞行员把较多的注意力集中在座舱外景。从视频回放的过程看,新手的注意力基本都集中在外景的跑道上,而专家不仅关注外景的跑道和天地线,还有规律地扫视座舱内的速度表、高度表和姿态表,所以专家获取信息的来源比较多,扫视幅度较为宽广。专家把从外部视景的视觉参照上获得的信息和座舱内的仪表对照后,就能更精确地把握飞机的飞行参数信息,使飞机更精确、平稳地着陆,表现出较好的飞行绩效。可以看出,专家和新手注意力分配方式的不同是造成他们飞行绩效差异的一个重要原因。专家的注意力分配特征应

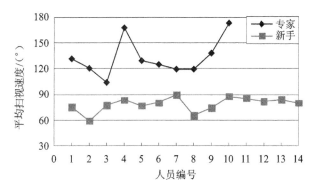

图 4-21 专家和新手的平均扫视速度对比

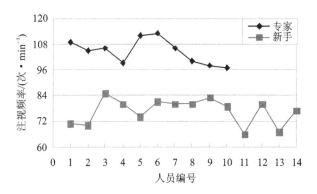

图 4-22 专家和新手的注视频率对比

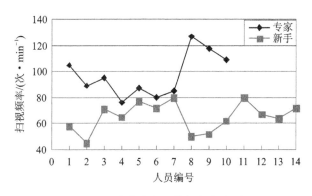

图 4-23 专家和新手的扫视频率对比

该进一步深入研究,以在实际飞行训练中指导新手的注意力分配。

降落过程的时间很短暂,在有限的时间内,专家要从更多的信息源上获取信息,眼动必须迅速灵活,在各个信息源上合理地分配时间,迅速地转移和切换注意力。所以专家的扫视速度更快一些,扫视频率也更大一些。有关飞行专家认为频繁、快速的扫视活动可以弥补信息获取或加工不充分的缺陷(丁邦昕,2004)。快速而频繁地扫视仪表和外景是把新手培养成为一个熟练驾驶人员的必要条件。所以在新手训练的开始,就应该指导他们有意识地进行快速而灵活的扫视,培养正确的扫视习惯。

仪表飞行中,相对于新手,在所有的仪表上,专家的注视时间较短、注视点较多。本实验任务虽然是按照目视飞行规则（VFR）飞行，得到了相同的实验结果。所以可以认为，无论是按照仪表飞行规则还是按照目视飞行规则飞行，专家比新手的注视时间短，有较多的注视点。专家与新手之间的这种差异有两个主要的原因。第一，由于长期的训练和飞行，专家比新手有更发达的周边视觉能力，专家能够更好地利用周边视觉获得丰富的信息。Mourant and Rockwell（1972）研究发现熟练的汽车驾驶员能够比新手看到更远的路面，他们能利用周边视觉获取到更多的信息。Mcconkie 和 Kramer（1996）研究发现，当把座舱内的主要仪表撤去时，专家飞行员的绩效比新手降低得更多。他们认为，这是由于专家驾驶员更多地利用周边视觉从更广泛的范围内获取视觉线索（McConkie 等,1996）。利用周边视觉的能力使专家不必有意识地盯视在仪表上，减少了盯视仪表的时间，但却获得了仪表信息。第二，与专家的知识和经验有关。由于专家的飞行时间长，专家处理信息和认知过程越来越趋向于程序化、自动化，更多地使用自上而下高效率的信息处理方式。因此，从信息的提取、编码到做出决策的每一过程都要快于新手。在专家的大脑认知模式里，不再像新手一样彼此孤立地认知跑道上的信息，而是把相关信息组合成模块，对模块整体进行处理，获取了时间上的优势。在和专家被试者的面谈中了解到，在降落过程中，专家对于飞机姿态的控制信息来源于他们对飞机跑道上线条梯形的形状变化和角度变化对比，包括跑道的两个边线、远端和近端的线段组成的"大梯形"（从飞机或者模拟器里看到的），也包括组成跑道的众多"小梯形"。所有这些视觉线索组成一种视觉流不断地刺激视觉，使专家获得了相关信息。而新手由于缺乏训练，只能更多地、被动地使用自下而上的信息扫视策略，需要对目标较长时间的搜索和定位。新手对于信息的提取也有困难，需要对目标点盯视较长的时间才能感知信息。较长的盯视时间也就妨碍了新手注视点的灵活性和视野的有效性。因此，可以认为，专家具有利用较短注视的时间提取目标信息的能力。这样专家就更有充足的时间及时调整飞机飞行过程中所产生的偏差，以实现达到精确、稳定地着陆的目标。可以由此得到启示，在飞机座舱这样的复杂环境里，要使驾驶员快速地获取信息源的位置信息，可以依靠两点：一是良好的扫视训练，达到自上而下的自动化扫视；二是良好的设计，如告警显示系统，以自下而上的认知方式刺激操作人员并引起关注，使注意力实现高效分配。

实验测得的平均扫视速度指标和瞳孔指标在专家与新手的对比研究中还未见使用。要测得扫视速度指标就需要高频率的眼动跟踪设备。以前的研究设备基本都是 50/60 Hz 的采样率，不能精确地追踪眼动扫视过程的速度变化。本实验采用 Eyelink II 眼动记录系统，其最高采样率可达 500 Hz，角膜-瞳孔方式记录眼动时为 250 Hz，因此可以精确地测得眼动速度变化的全过程。平均瞳孔变化率反映了飞行员在信息处理任务中的任务繁重程度和心理负荷的高低。瞳孔变化率大，说明信息处理任务重，心理负荷高；反之，心理负荷低。瞳孔指标对心理负荷变化较为敏感，因此瞳孔大小的变化是心理负荷研究人员经常采用的一个测量指标。一般情况下，心理负荷的增大使瞳孔变大。可以看出，专家飞行员虽然扫视频率高，扫视幅度大，但相对于新手并没有引起其心理负荷的增加，证明了高效合理的扫视模式在提高飞行绩效的同时还能够减少飞行员的心理负荷；专家飞行绩效的提高并没有以心理负荷的升高为代价，是靠长期的训练后对信息处理、对环境的认知能力的逐渐提高后实现的，可以认为具有较高认知能力的专家的心理负荷较之新手更小。可见，在专家与新手的对比中，瞳孔大小变化是一个很有价值的指标，市场流行的几款眼动仪器都具有测量瞳孔大小的功能，所以目前心理负荷研究中瞳孔大小的测量，主要都是用眼动测量仪器的。本实验中平均瞳孔变化率指标和平均扫视速度指标的引入,可以为专家-新手范式的研究增加两个维度的对比信息,从较为全面的角度反映二者之间的扫视差异。

2. 基于 PC 模拟飞行培训的探讨

一般来说,模拟训练小时要比实际飞行小时的成本低得多。据有关资料介绍,美国在1982 年计算 42 种军用飞机的燃料消耗费用,每架年平均需要 360 万美元,而使用飞行模拟器进行训练,年训练费用是军用飞机的 8%。中国民航的统计数据表明,全任务飞行模拟器每小时的训练费用是 500 美元左右,固定基座模拟器小时训练费用为 150 美元左右,中国民航每年用于模拟器训练的费用大约就有 500 万美元之巨。可见模拟训练费用仍然很高。

与其他研究不同的是,本研究实验中的被试者全部都是 PC(Personal Computer)上的模拟飞行爱好者。在实验中发现,由于被试者没有模拟器的飞行经历,开始并不适应座舱内的操纵控制系统,飞行偏差较大,但是练习了 10 min 后,就逐渐适应了模拟器的操纵控制,表现出了他们在 PC 上相近的水平。这应该是与他们在 PC 上长期握杆有关。PC 模拟飞行所用的驾驶杆虽然和真实的飞机操纵杆在感觉上有一定的差异,但是制作较好的游戏杆具有较高真实度的仿真。尤其是专家被试者,他们具有较高的飞行素质,在模拟器的操纵上表现出了更快的适应能力,从专家和现役飞行员在模拟器上的飞行绩效对比数据可以发现,专家在模拟器上的表现已经和有一定飞行小时数的飞行员相近,证明 PC 上的模拟飞行技能可以积极地迁移到模拟器,这种现象应该值得研究。如果能将模拟器上的部分训练科目在 PC 上实现,则可以减少飞行训练的成本。

为了节省培训费用,美国 NASA 曾经资助了一项基于 PC 的飞行员仪表扫视技能训练计划。研究发现,在 PC 上的训练技能可以积极地迁移到真实的飞机飞行中,建议应该优先在PC 上训练仪表培训技能。NASA 还制定了规范,规定 10 h 的仪表飞行科目训练可以在 PC上完成。通过分析实验结果,有关研究人员还建议将 PC 作为仪表扫视技能资格检查的工具。可见,PC 确实可以发挥飞行训练的积极功效。

在目前的市场游戏软件里有不少关于模拟飞行的游戏,包括各种战斗机和民航运输机。由于商业化的操作,有些游戏软件达到了很高的技术水平,如模拟战斗机的飞行游戏,F - 15模拟飞行、以色列空军、lock - on 以及微软模拟飞行系列等。做得最好的应该是微软公司开发的模拟飞行系列,从 FS2000、FS2002 到 FS2004,产品不断升级完善。游戏的视景设计、音效、气候现象、座舱显示控制系统尽量模拟现实,还添加了飞机过载超重、失重时的"视觉黑视"和"视觉红视"的生理预警,达到了非常逼真的设计效果。游戏的硬件设施主要是一台普通的PC,外加游戏杆、手柄和简单的踏板,造价几千元就可以实现。相比于军用的固定基座的模拟器和全动模拟器,代价上便宜了几个量级。如果能在 PC 上实现部分训练,则可以节省很多费用。飞行员新手在开始培训时,一般都是从最基本最简单的任务开始。可以利用 PC 对飞行员新手进行初级任务训练,如认识座舱、仪表扫视训练、起落航线飞行等。将 PC 训练作为其他训练形式的辅助手段,充分利用资源,提高训练效果。

3. 专家扫视模式和训练关系分析

通常,指导性的训练可以促进学习的速度。因此,在座舱仪表扫视训练中,教官一般用语言指导学员如何看特定任务下有关飞行状态的仪表,何时看仪表,该看哪些仪表,仪表之间扫视次序是怎样的,等等。重复训练后,使学员能掌握仪表和任务之间的关联关系,提取到飞行操纵的相关信息。例如在学员训练的初期,要求他们从地平仪开始检查仪表,最后回到航空地平仪,即航空地平仪—升降速度表—航空地平仪;航空地平仪—速度—航空地平仪;航空地平仪—航向(自动无线电罗盘)—航空地平仪;航空地平仪—高度—航空地平仪;航空地平仪—转弯测滑指示器—航空地平仪等。而在训练的中期,学员必须学会按仪表群分配和转移注意,进行"8"字形的仪表检查,即航空地平仪—速度—高度表—转弯测滑指示器,而后是航空地平仪—航向—升降速度表。有关专家认为,这种指导性的方法有助于形成稳定而灵活的仪表扫视技能,并逐渐养良好的扫视仪表习惯。

需要提出疑问的是,专家的扫视指导是否有效,新手是否贯彻了教官的意图并没有经过验证。如果用眼动测量仪器来检查,应该是一个较为有效的手段。Shapiro and Raymond(1989)通过眼动测量研究发现,玩视频游戏时,采用高效扫视模式的被试者的绩效明显比不采用的好,而且经过一段时间后,不采用高效扫视模式的一组自动采用了高效的扫视(Shapiro 等,1989)。但是,相对于飞机操纵,这种游戏任务属于简单任务。飞机座舱环境复杂,操纵难度大,专家扫视模式的指导性如何还没有形成结论。有人从认知理论的角度分析,认为专家的扫视技术不能加速形成,只能逐渐地从练习中获得。这种观点认为,指导性的扫视策略是基于专家知识和经验的 Top - Down 训练策略,这种扫视策略的形成是专家经过长时间的练习和训练,对视觉扫视不断优化而获得的一种高效的扫视策略。专家在训练的初期,也是以 Bottom - Up 的方式来进行练习的,随着练习时间的增长,Bottom - Up 方式的扫视成份逐渐增多,直到占据优势。对于较为简单的程序性的任务,如只需要对仪表进行监控而不需要做出控制动作时,专家扫视模式的指导或许更有效一些;在任务操作复杂需要高度的眼手协调和配合时,或需要做出较多决策时,或许更多的还是要靠学员的日常练习,逐渐培养。例如在巡航时,飞行员心理负荷较小,只需要按照程序进行检查仪表就可以了;在特技训练和战术训练时,任务较难,学员可能根本无法按照教官的意图去扫视。由于飞行员新手飞行训练的初期一般都是从简单的初级任务开始的,可以利用眼动测量设备记录专家级飞行员的扫视模式,让新手去模仿,在训练的初期就养成正确的扫视习惯,以便提高训练效率,缩短训练周期。

4.7.4 小 结

本实验通过专家和新手的对比研究,得到了专家和新手的扫视模式特征,确定了扫视模式和飞行绩效之间的关系,得到了专家和新手在 6 个眼动指标方面的定量化差异。具体可以得到以下的结论:

① 专家和新手不仅在飞行绩效上存在着明显的差异,在扫视模式上也存在着明显的差异。专家的飞行绩效要好于新手,专家具有更短的注视时间、更多的注视点、更快的扫视速度、更频繁的扫视和比较宽广的扫视范围,专家的扫视模式具有较低的心理负荷。因此在训练中,以专家的扫视模式为基准,对新手的扫视模式进行测量就可以知道其进步的程度。

② 扫视模式和飞行绩效相关,高效的扫视模式有较好的飞行绩效,可以通过扫视模式的测量评价飞行绩效,从而指导训练。

③ 在 PC 上的模拟驾驶技能可以迁移到飞行模拟器,利用 PC 对飞行员新手进行某些初级飞行科目的模拟训练。

④ 对于简单的程序性的任务,利用专家扫视模式指导训练更有效;对于复杂的任务或需要重大决策的任务,需要靠新手的日常训练。

眼动扫视模式与飞行绩效相关,可以通过扫视模式的测量评价飞行绩效,而如何通过科学的技术路线和方法,利用眼动数据对飞行绩效进行评价将是后面章节进一步研究的内容。在视频回放中发现,专家和新手的注意力分配存在着明显的差异。合理的注意力分配对于安全驾驶具有重要意义,而如何对注意力进行合理分配也是后面进一步要研究的内容。

参考文献

[1] McConkie G, Kramer A. Information extraction during instrument flight: an evaluation of the validity of the eye-mind hypothesis[C]. Proceedings of the Human Factors and Ergonomics Society 40th Annual Meeting,1996.

[2] Mourant R R, Rockwell T H. Strategies of visual search by novice and experienced drivers[J]. Human Factors,1972,14,325-335.

[3] Shapiro K L, Raymond J E. Training of efficiency oculomotor strategies enhances skill acquisition[J]. Acta Psychologica,1989,71,217-242.

[4] 丁邦昕. 飞机驾驶学[M]. 北京:蓝天出版社,2004.

[5] 柳忠起.航空工效的眼动研究及其应用[M].北京:北京航空航天大学出版社,2007.

[6] 康卫勇.眼动参数评价脑力负荷的研究[D].北京:北京航空航天大学,2008.

第5章 工作绩效测量法

工作绩效测量法是基于工作绩效而进行的工作负荷评估,即以操作者执行任务的操作表现或操作结果作为工作负荷评价的指标,反映了操作者执行任务的能力。工作绩效测量结果与人机系统整体绩效的关系密切,这对飞机人机系统的设计者有重要价值。工作绩效测量法包括主任务测量法和辅助任务测量法。假设操作者执行任务过程中,需要同时完成两项任务,但其主要精力集中在任务一上,则该任务称为主任务;当操作者有剩余精力做任务二时,则此任务称为辅助任务(或次任务)。本研究介绍主任务测量法和辅助任务测量这两类方法的概念、用法和优缺点,并通过案例展示它们的具体应用。

5.1 主任务测量法

主任务测量法是通过直接测量操作者在任务过程中的绩效指标来评定任务给操作者带来的脑力负荷,能够直接反映操作者的努力结果,常被用于检测高负荷引起的任务中断。

这种方法的基本假定是:当脑力负荷增加时,在超过个体能力的过程中,由于需要操作人员做出更大的努力,需要更多的资源,人的作业绩效也会发生变化,即业绩的质量开始下降,就像一个小学生的课外作业太多(作业量太大)而使他的作业开始变得马虎一样。脑力负荷是不可见的;但人在系统中的业绩指标一般是可以测量的,因此就可以从人的业绩指标的变化反推脑力负荷。这种方法的理论基础是,信息处理所需的认知资源随着脑力负荷的增加而增加,而人的认知资源又是有限性的,这将导致工作绩效质量发生变化。

主任务测量法存在固有缺陷。脑力负荷与工作绩效的关系呈倒U型关系,当脑力负荷由低变高时,主任务测量法有时会失去敏感性。只有当任务需求超出操作者通过努力进行补偿时,工作绩效随脑力负荷的变化才较明显,此时主任务测量法对脑力负荷变化的敏感性最好。另外,由于不同脑力任务涉及的脑力资源不同,内在机理复杂,很难只用主任务的一两个指标就完全表达。操作者工作绩效与任务本身的性质有关,任务性质不同时,主任务绩效的度量指标很难统一,因而很难对不同任务进行比较。

脑力负荷并非影响工作绩效的唯一因素。操作者能对自己当前执行任务的情况实施自我监控,当操作者觉察到任务绩效不足,而仍有剩余认知资源可利用时,则会分配更多的资源到该任务,以寻求维持或提高任务绩效。操作者的技能、个性、态度对任务绩效有显著影响。基于这些原因,有研究者认为以直接测量操作者的工作绩效作为评价工作负荷的指标,并不是一个理想选择。因为随着任务难度的改变,主任务测量法却常常难以反映出操作者资源投入的变化,也不能确定负荷的来源。因此,主任务测量法在实际中应用有限,尽管在人机系统设计和评价中发挥了重要作用,但由于对操作者工作负荷无法提供充分依据,因而往往只是作为工作负荷其他测量方法或测量指标的补充。

主任务测量的常用绩效指标包括反应时、速度、完成作业数量、正确率、错误率、错误次数、误差等。反应时、速度和完成作业数量是操作者执行任务的反应时间、完成速度和完成的作业数量多少。正确率和错误率等是操作者完成任务的质量水平。针对具体任务,反应时和正确率有时具有一定的联合使用意义,例如对一种显示形式的异常姿态操作反应时在 1 s 内,且反应正确率 95％以上才认为合格(MIL,2018)。主任务测量常用主任务机器绩效指标见表 5 - 1。

表 5 - 1　常用主任务及其绩效指标

主任务	绩效指标	主任务	绩效指标
空间追踪	均方根误差	逻辑推理	反应时、正确率
视觉搜索	反应时、正确率	空间旋转认知	反应时、正确率
数字计算	反应时、正确率	(模拟)驾驶	反应时、速度、错误次数
短时记忆	反应时、正确率	拼图	反应时、正确率

主任务测量法主要分为两类,即单指标测量法和多指标测量法。

● 单指标测量法用一个业绩指标来推断工作负荷。例如:调查显示器数量增加所引起的脑力负荷增加,可用显示信号出现后的反应时间作为脑力负荷指标。指标选择的好坏对工作负荷的测量成功与否有着决定性的作用。业绩指标主要是用错误率(精确度)或时间延迟(速度)。

● 多指标测量法通过多个指标的比较和结合减小测量的误差,找出工作负荷产生的原因,可提高测量的精度。例如,显示器监视任务中,用反应时间、正确反应率、无反应率 3 个指标来发现信号出现速度变化的影响。

在飞行员工作负荷的研究中,主任务法主要采用的指标为飞行绩效。刘伟等通过对特定任务情境的研究,探讨了飞行员扫视、操作绩效及工作负荷问题。在借鉴前人研究的基础上,设计并进行了有关飞行员扫视、操作绩效、工作负荷的实验和调查分析评价研究,在理论研究和实验分析的基础上,初步揭示了高级飞行员和飞行学员之间的差距。结果表明,高级飞行员比学员具有更频繁的注视和更短的注视时延(停留);对两类飞行员而言,他们的工作负荷与操作绩效的关系都不是绝对一致变化的(刘伟等,2005)。

1. 方　法

(1) 被试者

18 名某部现役空军男性高级飞行员和 18 名飞行学员参加了实验。实验装置采用某型号飞行模拟器。另外,对 24 名某部现役空军男性飞行员进行了现场问卷调查。高级飞行员飞行时间在 1 100～1 500 h 之间,飞行学员飞行时间在 370～600 h 之间,并且他们的飞行技术良好,视觉正常,身体状况良好。

(2) 实验任务

本实验的任务为被试者在模拟器中进行一次起落航线飞行(要求他们使用主要以仪表飞行为主、外景飞行为辅的方法,飞行的条件假设是无风晴朗的天气),该飞行包括起飞和上升,一、二转弯,平飞,三、四转弯,降落及着陆等几个阶段,并在各阶段的关键点 B、C、E、G、H、I、J 处进行数据采集,起落航线的动作顺序和数据见图 5 - 1。其中各点的高度 h(m) 及速度 v(km/h) 见括号内相应数字,如 B(30,380)。

实验步骤如下:

① 呈现实验指导语,让飞行员了解此次实验的目的;

② 让被试者进行模拟飞行练习,每人练习 2 次;

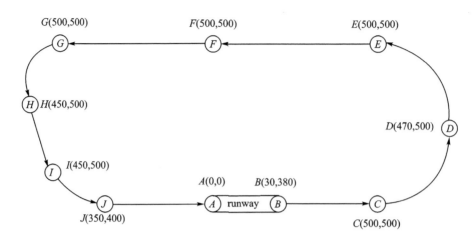

图 5-1 起落航线数据图

③ 飞行员执行 2 次起落航线飞行任务;

④ 在第 1 次飞行过程中使用飞行参数数据库进行飞行绩效的测量;

⑤ 在第 2 次飞行期间进行实验"冻结"进行问卷调查;

⑥ 在第 2 次飞行结束后使用问卷进行工作负荷调查;

⑦ 当所有的被试者被测量调查完之后,进行实验记录汇总分析。

2. 结 果

(1) 操作绩效误差分析

通过对 18 位高级飞行员和 18 位飞行学员进行了不同任务阶段的操作绩效误差数据(根据实时操作绩效数据库得到)分析,可得图 5-2 和图 5-3。从两图中可以看出:飞行员们的高度误差、速度误差在全部过程中变化都比较大,而航向误差、俯仰误差、升降速度误差相对变化较小;高级飞行员的平均高度误差范围为 3～15 m,平均速度误差为 4～10 km/h,而飞行学员的平均高度误差范围为 15～27 m,平均速度误差为 17～23 km/h。这说明高级飞行员的操作绩效状况明显好于飞行学员的操作绩效状况。

(2) 扫视比较

通过对 18 位高级飞行员和 18 位飞行学员在不同任务阶段的扫视调查,可以得出两者的扫视区别在于:高级飞行员主要的扫视策略相对简洁清晰,注意力分配比较集中,始终把握住外景和地平仪这两个关键因素的变化,能够动态地结合其他仪表变化综合地获取完成当前任务所需要的信息,而飞行学员的扫视策略则呈现出较为复杂的模式,在每一阶段的主要扫视点比较广泛,照顾的比较全面,造成注意力分配比较分散,极易出现"顾此失彼"的现象,这同时也许就是影响其操作绩效较差的原因之一。

但是,两者之间又有共同点,即在起飞、下降阶段的扫视相对于其他各阶段都比较简略一些。如在着陆滑行阶段,高级飞行员大都只注意外景,通过观察外景来进行驾驶的综合反应,而飞行学员在此阶段除了注重观察外景之外,对空速表的注意也很关心,这也说明了他们结合外景感觉相对速度的体会不如高级飞行员。

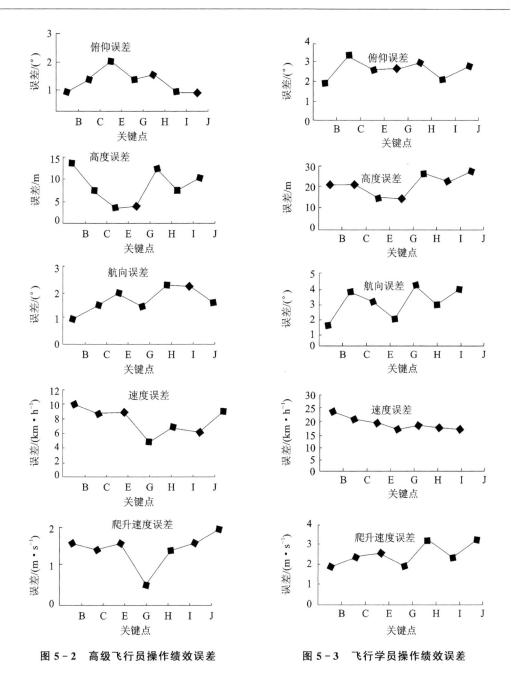

图 5 - 2 高级飞行员操作绩效误差   图 5 - 3 飞行学员操作绩效误差

高级飞行员比学员具有更频繁的注视和更短的注视时延（停留）。另外,高级飞行员比学员显示出了一个更强和更清晰的扫视模式。这种类型的积极扫视模式与更好地保持空速、高度、俯仰和更好地操作相一致。因此可认为,一个飞行员的操作技能越好,其眼动就越积极地以一个有效的模式扫视。

（3）各关键点的飞行员工作负荷的比较

根据实际调查表中的 NASA2SWAT 项,统计出了 18 位高级飞行员和 18 位飞行学员在进行不同任务阶段时的工作负荷情况。下面是统计后两者之间的比较情况：高级飞行员与学员相比,各阶段的工作负荷都要小,操作成绩都要好;并且两者也有共同之处,即在起飞阶段的工作负荷较高,进入爬升、一二转弯阶段工作负荷不断下降,到平飞阶段时最小,随后当执行三四转弯任务时,工作负荷又不断上升,最后下降阶段的工作负荷最大。

(4) 各关键点的飞行员操作绩效误差与工作负荷的比较

工作负荷是由飞行员执行各种飞行任务时所产生的,但它与操作绩效误差的关系并不是绝对一致的,高级飞行员和飞行学员从 H 点到 I 点的工作负荷是增高的,但期间的操作绩效误差却是下降的;再者,飞行学员从 B 点到 C 点的工作负荷是下降的,但期间的操作绩效误差却有些上升。其中的原因大概可以分为以下几方面:

- 高操作绩效误差和低工作负荷:由于飞行员的疏忽、警觉问题或低的动机,对自己正在进行的任务考虑很少,并不积极主动。
- 高操作绩效误差和高工作负荷:如果信息量或工作负荷过大,飞行员就只能注意所要求信息的一部分。另外,即使当飞行员尽力工作时,不适当或效率差的感知和策略整合可能意味着操作绩效误差较低。
- 低操作绩效误差和低工作负荷:信息以一种很容易处理或吸收的方式被表达。
- 低操作绩效误差和高工作负荷:飞行员尽力工作并能够获得合适的情境认知等级水平。

3. 结 论

通过实际调查,可以认为高级飞行员对有关事物的注视时延(停留)较短。高级飞行员可以用极短的时间获得信息,注视的时延(停留)较短可以使高级飞行员扫视其他的地方,这样有助于他们纠正任何可能产生的错误,并且他们操作的许多动作很快甚至是自动进行的。尤其是这可以使高级飞行员低头时间更短,更快地回到对外景的注视。使用快速的低头扫视,尽管低头时间比学员稍长,但切换速度很快,所以他们可能不会有事。

在实验过程中,可以发现驾驶飞机要求有良好的运动控制技能。例如,要保持好航线,常常要求精确的跟踪行为。另外,随着现代座舱中复杂显示及自动化水平的提高,对驾驶员的运动控制技能要求也相应变大。更多的注意集中到要求运动控制的活动上,可以更少地注意情境认知的保持。具有较好运动控制的操作者很少把注意力转到驾驶的基本技巧或控制开关上,这将会减小操作者从保持情境认知中分心的可能。所以对于越来越复杂的座舱系统来说,运动控制是一个非常重要的问题(在飞行员选拔和训练方面)。

调节或处理高工作负荷可以使飞行员控制工作负荷的级别状况,以便能够获得并保持合适的情境认知等级水平,诸如把高负荷任务转移给自动驾驶系统或副驾驶员,以便重新策划时间/资源管理方式等。

飞行员扫视、操作绩效及工作负荷的评价是一项复杂而重要的工作。本文以 36 名飞行员分别执行一次起落航线飞行为例进行了应用研究。研究结果表明,高级飞行员扫视/操作绩效/工作负荷与学员并不同属于一个等级,而是具有很大的差别。因此在实际飞行训练中,学员应根据高级飞行员的情境认知状况进行模仿,以达到安全、高效的目的。

5.2　辅任务测量法

辅任务测量法也称次任务测量法,操作者被要求同时做两项任务,操作者把主要精力放在主任务上,当他有多余的能力时,尽量做另一项任务,这一项任务被称为辅任务,通过测量操作者完成辅任务的工作绩效来间接反映主任务的工作负荷水平。辅任务测量法是对操作者完成主任务时剩余能力的评估，即通过辅任务的表现来评估主任务尚未使用到的能力。使用辅任务测量时，要求操作者同时完成主任务和辅任务，操作者需要理解主任务更重要，主要精力需要放在主任务上，无论辅任务是否执行，操作者都必须尽最大能力完成主任务，当操作者有多余能力时，尽量做辅任务。

由于主任务和辅任务要竞争有限的处理资源，当辅任务能够或多或少竞争到资源时，主任务负荷的改变将会导致辅任务绩效发生改变。如果主任务工作负荷越高，则剩余资源越少，辅任务的绩效就会越差。辅任务测量法的思想基础是 $X+Y=1$。

由于辅任务测量法是对操作者剩余能力的测量，因此与主任务测量法相比，辅任务对任务难度的变化更为敏感，特别是在中、低负荷情况下。辅任务测量法的最大缺点是在实施过程中可能对主任务发生干扰。当操作者被要求同时进行两项任务时，除非主任务要求很低或辅任务要求很低，否则辅任务总是难免对主任务产生干扰，这些干扰包括由于引入辅任务增加的额外工作负荷，以及测试辅任务所需的硬件设备等。辅任务测量法的这一缺点，使得辅任务测量法多限于实验室研究，而较少应用于实验室以外，尤其在真实飞行环境中需谨慎食用，以免损害飞行安全性。另外，辅任务测量法的假设前提是操作者信息处理能力一定，这一假设暗示人在执行各种脑力任务时，使用的脑力资源具有同质性，这点也受到研究者的质疑。此外，辅任务测量法与主任务测量法一样，也难以用于不同工作间的比较。最后，辅任务测量法也存在敏感性缺陷，辅任务测量指标的敏感性随许多因素而发生变化，从而影响测量的可靠性。辅任务测量法的敏感性受操作者认知资源分配测量、主任务和辅任务做作业性质的影响，而认知资源分配策略又取决于作业要求、操作者主观意图、意志努力和负荷水平等因素。

用辅助任务法测量工作负荷步骤一般是这样的：首先测量单独做辅任务时的绩效指标，这个指标反映的是人全心全意做这件事情时的绩效，也即是人的能力；然后在做主任务的同时，在不影响主任务的情况下尽量做辅任务，这时得到一个绩效，反映的是主任务没有占用的能力。辅任务必须是可以细分的、与主任务使用相同的资源。不同的任务使用不同的资源，因而使可使用的辅任务也有很大的不同。常用的辅任务有时间估计、选择反应时间/反应率、搜索、追踪、监视、记忆、数学计算、复述、简单反应等。

Corwin(1989)等人在工作负荷测量技术研究中，将 ATC 命令操作作为辅任务，测量辅任务的反应时间和正确率作为飞行员工作负荷的测量指标(Corwin,1989)。

Shingledecker 等人(1983)进行了辅任务测量工作负荷的实验研究，采用 Mihcon 手指敲击任务，或称"间隔产生任务"(IPT)作为辅任务，同时选择了 3 种作业作为主任务。3 种作业的信息加工要求各不相同，3 种主任务分别如下：

(1) 显示器监视作业

此任务要求被试者监视显示器上一指针的运动。正常情况下，指针围绕中央标记随机运动。若指针运动出现偏移，即指针在中央标记某一边出现较多数值时，则为"信号"出现，此时被试者要做出反应。任务难度通过显示器数目和信号分辨率进行调整，共有 3 个水平：

- 1 个显示器和 95%分辨率，分辨率大小代表指针偏移程度，例如 95%分辨率指 95%次数指针停留在中央标志某一边)；
- 3 个显示器和 85%分辨率；
- 4 个显示器和 75%的分辨率。

（2）Sternberg 记忆搜寻作业

难度水平由记忆表容量控制，有 1 和 4 两个水平。

（3）不稳定追踪作业

要求被试者通过操纵杆来控制一个视觉目标的运动，目标不稳定度有 2.4、3.6 和 6.0 这
3 个水平。

实验结果如图 5 - 4 所示。其中 IPT 工作负荷分数用各敲击间隔的平均偏差相对值表示
（与单任务时和基线水平相比较）。研究者认为，IPT 作业主要对运动输出有负荷，显示监视作
业、Sternberg 记忆搜寻作业和不稳定追踪作业分别对智觉、中枢加工和运动输出有负荷。结
果完全符合研究者预料，只有在不稳定追踪作业时，IPT 负荷分数才出现明显上升，IPT 作业
对智觉和中枢加工不敏感。

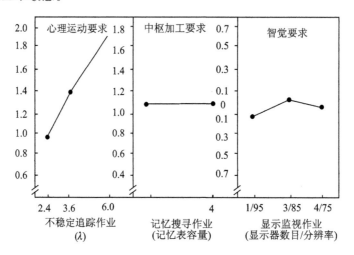

图 5 - 4　IPT 作为辅任务的实验研究

次任务测量法由于其侵入性和敏感性等固有缺陷，局限了其在航空领域的应用。侵入性
缺陷是次任务的介入对飞行操作主任务产生干扰，从而降低飞行安全性。敏感性缺陷是次任
务测量指标的敏感性受许多因素影响，从而影响工作负荷测量可靠性。例如，研究表明在某些
场合，工作负荷增加并不导致次任务绩效的恶化。一些学者认为工作负荷作业性质、负荷水平
和情境等对此有显著影响。张智君等认为只要把握次任务测评敏感性与上述各因素间的关
系，就可以有效地控制它的变化，并对次任务技术用于视觉追踪作业工作负荷测评的敏感性进
行了实验研究。研究方法是采用模拟作业情境和主、次任务技术，主任务为追踪作业，分 4 种
状况，以平均追踪误差距离为绩效指标，次任务是以几何图形为刺激目标的记忆搜寻作业，以
目标反应时变化率和总反应时变化率为绩效指标，采用重复测量的受试者内设计。结果发现
次任务绩效指标对追踪负荷具有较高的测评敏感性，但与主任务测定结果存在差异。得到结
论，次任务技术的敏感性受操作者资源分配策略倾向的显著影响（张智君等，1997）。

1. 对　象

以大学生和年轻教师为对象，共 8 人，男女各半，年龄 23～34 岁，无视觉异常，均为右
利手。

2. 作业设计

以计算机模拟作业为负荷作业（即主任务），负荷水平通过追踪类型调制。共设置 4 种作

业类型,即"矩形追踪""角行追踪""折行追踪""随机追踪"。矩形追踪指目标沿固定矩形轨迹移动,在到达矩形 4 个角的任一点时,目标移动方向(顺时针、逆时针)随机发生变化;角行追踪与矩形追踪相似,但到达任一矩形角时,目标可能继续在矩形轨迹移动,也可能沿矩形对角线移动,具体情况随机确定。折行追踪指目标在固定矩形范围内直线(水平或垂直)移动,当经过随机确定的距离后或到达矩形范围的边缘时,目标方向发生改变,随机地转为向左、向右、向上或向下。随机追踪指目标在固定矩形范围内随机移动,其 X、Y 坐标分别由 4 个不同振幅和频率的正弦函数叠加而成。主任务绩效指标采用"平均追踪误差距离",由计算机自动对目标位置和瞄准器位置进行采样测定,并加以计算和记录。

次任务采用做过修改的 Sternberg 记忆搜寻作业,即要求受试者对随机呈现的几何图形做选择反应。试验中采用的几何图形共有 8 个,其中 4 个为目标刺激,4 个为非目标刺激。在进行作业时,如果出现目标刺激,要求受试者用左手做"是"按键反应;如果出现非目标刺激,则要求做"否"反应。次任务绩效指标有两项:目标反应时和总反应时。目标反应时是受试者对目标刺激的反应时间,总反应时则是对所有刺激的反应时间。反应时间的测定和记录也由计算机自动完成。

3. 步　骤

试验采用重复测量的受试者内设计,即每个受试者在各种情境下均进行一次试验,具体步骤如下:

① 主试者做试验说明和操作演示,并让受试者进行操作练习。练习必须充分,具体标准如下:主任务绩效达到稳定,次任务反应时达到稳定且反应正确率超过 95%(本研究以反应时为指标,不考虑反应正确率的变化)。

② 正式试验。试验分为主任务单作业(4 种难度)、次任务单作业(1 种难度)和双任务作业(4 种难度)3 种作业情境,共 9 次试验。在双任务时,要求受试者将主任务绩效维持在单任务时的水平,若某次试验达不到这一要求或次任务的反应正确率低于 95%,则该次试验将在适当休息后重做。每一受试者均分别参与所有 9 次试验,不同作业情境在试验中出现的先后顺序随机确定。操作时间 5 min,各次试验之间均安排休息(超过 30 min),保证本次试验产生的疲劳在下次试验前完全消除。

4. 结　果

(1) 次任务绩效的测评敏感性分析

为减少个体、作业情境等变异的影响,本研究次任务绩效指标以变化率表示,即

目标反应时变化率(%)=(双任务目标反应时−单任务目标反应时)×100/单任务目标反应时

总反应时变化率(%)=(双任务总反应时−单任务总反应时)×100/单任务总反应时

图 5 - 5 描述了 4 种追踪作业下的目标反应时变化率(YRTR)和总反应时变化率(TR-TR)结果。

对 YRTR 进行方差分析后发现,不同追踪负荷的 YRTR 值之间有显著性差异($F_{3,21} = 4.85, P < 0.05$)。进一步检验发现,进行折行追踪时 YRTR 最大,其次是角行追踪和随机追踪,做矩形追踪时最小。其中折行追踪与距形追踪、随机追踪之间的差异均达到显著性水平($P < 0.05$)。这说明次任务目标反应时变化率指标具有相当高的追踪负荷测评敏感性。

对 TRTR 的分析表明,追踪负荷之间不存在显著性差异($F_{3,21} = 0.67, P > 0.05$)。这说明记忆搜寻作业的总反应时变化率指标不适宜作为追踪负荷的测评指标。

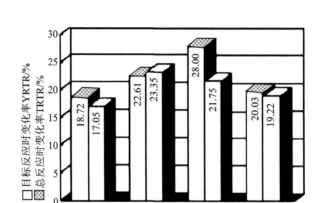

图 5-5　不同追踪负荷下的次任务目标反应时变化率和总反应时变化率

（2）主任务绩效分析

4 种追踪作业的平均追踪误差距离（ADTE）如图 5-6 所示。其中，每一追踪操作下的两项数据分别代表单任务、双任务时测定的结果。从图 5-6 反映的情况看，ADTE 受单任务、双任务变化的影响较小，受追踪负荷的影响较大。方差分析证实了上述看法，即显示：单任务与双任务的 ADTE 值之间无显著性差异（$F=2.79,P>0.05$）。而追踪负荷对 ADTE 的影响则达到非常显著性水平（$F=11.5,P<0.01$）。追踪负荷大小顺序，依次为随机追踪、折行追踪、角行追踪和矩形追踪。前一结果表明，本试验对主任务的控制是成功的，因为从理论上说，只有在单、双任务 ADTE 之间无显著性差异的条件下次任务测量结果才可作为对主任务负荷分析的依据；后一结果证明，主任务绩效在追踪负荷测评中也具有较大的敏感性。

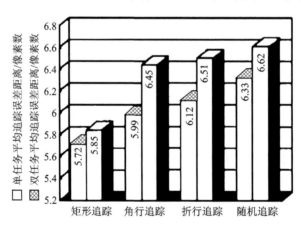

图 5-6　不同追踪负荷和单、双任务对主任务平均追踪误差距离的影响

5．讨　论

次任务技术是在多任务注意分配、资源理论等研究成果的基础上发展起来的。其基本出发点是通过次任务的加入"吸收"或"占用"主任务作业的"剩余资源"，以次任务绩效的变化反映主任务负荷的状况。本研究对该技术在模拟视觉追踪情境下的测评敏感性进行了试验，所获结果基本肯定了次任务技术在工作负荷测评中的价值。但本试验结果也提出了一些问题。例如，从次任务 YRTR 结果看，4 种作业的追踪负荷大小顺序依次为折行追踪、角行追踪、随机追踪和距形追踪。而从主任务 ADTE 看,则依次为随机追踪、折行追踪、角行追踪和矩形追踪。两者对随机追踪负荷的测评结果存在较大的差别。通过分析,我们认为,上述差异可能是由双任务作业时受试者资源分配策略倾向的变化引起的。由于心理资源是有限的,因此在双任务时,操作者必须将其进行适当的分配以获得满意的双任务操作绩效。如果双任务作业比较困难,则操作者的资源分配策略将出现倾向性。在本研究进行随机追踪时,受试者很可能将资源的投入量倾斜于次任务,从而使次任务绩效提高而主任务绩效恶化。这一事实说明,次任务技术在工作负荷测评中的敏感性受操作者资源分配策略倾向的影响。

对于资源分配策略倾向,一些研究发现,它受作业要求、操作者的主观意图和意志努力等因素的影响。双任务作业时,操作者往往将资源分配天平倾斜于比较感兴趣的、作业内容丰富的或难度适中的作业,这一倾向甚至在对主任务有强制性要求的情境下仍有表现。另外,资源分配策略倾向还随工作负荷水平和工作特性的变化而变化(张智君等,1995 - 1&1995 - 2)。具体说,当主任务工作负荷水平较低时,由于资源充盈,主、次任务均能得到很好的兼顾;当主任务工作负荷水平上升时,由于主任务的资源需求量逐渐增大,次任务资源供应出现不足,由此导致绩效恶化;如果主任务工作的难度或特性决定了即使资源供应充足也不能获得满意的绩效时,操作者会下意识地将资源分配策略倾向于次任务,从而导致主任务绩效恶化。本研究中出现的主、次任务测评结果差异正是出于后一种原因。

需要特别指出的是,很多研究表明,主、次任务作业性质的差异也在很大程度上影响次任务技术的测评敏感性。

综上所述,次任务技术的测评敏感性受操作者资源分配策略和主、次任务作业性质的影响,而资源分配策略又取决于作业要求、操作者主观意图、意志努力和工作负荷水平等因素,情况比较复杂。但鉴于次任务技术的测评敏感性与上述各因素之间存在规律性的关系,只要设计合理,次任务技术用于飞行工作负荷测评的敏感性应该能够得到保障。

5.3　综合应用

5.3.1　概　要

本节以一个时间压力与工作负荷的关系的研究示例,说明工作负荷测量方法的综合应用。

时间压力这个词在应用时分为两个方面:一方面,认为时间压力是由完成任务的时间紧迫感,表现在人身上而反映出来的压力;另一方面,是从任务时间本身出发,将时间压力定义为操作任务所需要的时间与给予的任务操作时间之比。在飞机这种复杂系统中,其人机界面设计较为复杂,在整个飞行任务中,飞行员需要进行大量的操作任务,在起飞、进近、着陆等阶段,单位时间内需要飞行员进行的操作非常多,让飞行员在这些阶段里承受较大的来自于时间的工作负荷,特别是对于新手飞行员在自动化操作切断的情况下。

本节内容包括:

① 分析 3 个工作负荷测量指标(主观评价值、瞳孔直径、正确率)与时间压力之间的关系,并检验个体及飞行任务对测量参数的影响显著性;

② 在时间压力为唯一影响因素的情况下,建立工作负荷测量指标与时间压力的定量关系模型;

③ 综合考虑多个工作负荷测量指标及时间压力阈值的主观评价确定工作负荷的"红线"。

5.3.2　时间压力与工作负荷关系研究实验

1. 实验内容

基于人的信息处理阶段模型与 Wickens 提出的多资源理论，人的资源处理阶段可分为感知阶段、认知阶段、响应阶段。感知包括视觉感知和听觉感知；认知包括空间认知和语言认知；响应包括动作响应和语言输出响应。参照 A320 的飞行操作程序，飞行员的操作任务包括感知任务（监控高度表、扫视导航信息、接收警告音等）、认知任务（评估、计算等）和响应任务（操纵油门杆、操纵驾驶杆、对话等）。

试验中选取 3 个飞行操作任务进行实验：钣钮位置判别实验（任务 1）、警示灯判别实验（任务 2）、提示音识别实验（任务 3）。

① 钣钮位置判别实验：识别图片上 ANTICOLLISION 钣钮的位置，当 ANTICOLLISION 钣钮位置为 ON 时按 N 键，位置为 OFF 时按 F 键，如图 5-7 所示。

② 警示灯判别实验：根据图片中灯亮区域进行按键，包含亮灯在 ENG 区域按 E，亮灯在 HYD 区域按 H，亮灯在 AIRCONDITION 区域按 A，亮灯在 BLEED 区域按 B，如图 5-8 所示。

③ 提示音识别实验：根据听到的声音，随即根据声音含义进行按键，当听到"叮"时，按 A 键（Attention）；当听见"短嗡鸣"时，按 W 键（Wait）；听见"长嗡鸣"时，按 E 键（Emergency）；听见"火警音"时，按 F 键（Firealarm）。

图 5-7　钣钮位置判别实验　　　图 5-8　警示灯判别实验

每组实验中，都基于被试者的正常操作时间进行实验时间的设置。由 Siegel 和 Wolf 的时间压力模型可知，如果用 T_a 表示完成这项任务的允许时间，T_r 表示完成任务需要的时间，那么任务的时间压力 $TP = T_r / T_a$。其中，T_r 通过被试者实验前的操作进行测定，然后基于时间压力进行实验时间 T_a 的设置。

为了得到较为完备的研究成果，本次研究分为两部分：

第一部分，在无时间限制下进行实验，记录每个被试者操作任务所需的操作时间，然后 TP 计算公式，基于时间压力 0.5、1、1.5 和 2，进行实验操作时间设置，为了让被试者充分感受到任务负荷的大小。每组时间压力下的实验操作次数设置为 30 次。此次实验主要通过少量被试者对这 4 个时间压力值下的任务操作进行测量研究，以确定能敏感变化的时间压力区间，为更精确的时间压力实验，同时找到可敏感反应的指标和实验注意事项。

第二部分，基于时间 0.6、0.7、0.8、0.9、1、1.2 进行实验操作时间设置，选择 19 名被试者进行实验，测量在不同时间压力下，进行时间压力、瞳孔直径、绩效之间的关系实验研究。由心理物理学方法可知，采用这种实验可能产生习惯误差和期望误差，使实验结果受到被试者的非感受性因素的影响。所以为了消除这类误差对实验结果的影响，实验设计时采用最小变化法进行实验的设计，为了让习惯误差和期望误差尽可能相互抵消，最小变化法的递增和递减序列要做到数量一致，将设计实验任务的时间压力从小到大，然后再由大到小：0.6、0.7、0.8、0.9、1.0、1.2、1.0、0.9、0.8、0.7、0.6。

2. 被试者

19 名被试者，都是右手操作习惯者，年龄在 19~26 之间，矫正视力为 1.5。实验前填写了实验知情同意书。

3. 实验设备

Eyelink II 眼动仪是该型号的第二代产品，是根据角膜和瞳孔的反光原理而设计开发的，具有采样速率高、超高分辨率、可双眼同时采集、红外定位和标记、配备轻便式头盔等特点。Experiment Builder(EB)是由 SR 公司提供的 Eyelink II 自带的可视化实验设计软件。EB 软件在 Windows 环境下运行提供图形化的用户界面不要求用户掌握任何编程语言。

4. 测量参数

测量参数包括工作负荷主观评价值、正确率、瞳孔直径、时间压力阈值。

（1）工作负荷主观评价值

1~10 分的单一维度的工作负荷量表被用做负荷的主观评价，1 分代表工作负荷非常低，10 分代表工作负荷非常高。

（2）正确率

通过实验 EB 软件进行正确率的记录。

（3）瞳孔直径

通过 Eyelink II 眼动仪进行实验过程中的瞳孔直径测量记录。

（4）时间压力阈值

每当完成一组时间压力实验，被试者都需要填写主观感受量表。如果感受到操作任务非常大，则标记"＋"；如果感受到时间压力非常弱，对实验操作没有任务影响，则标记"－"。

5. 实验流程

在第一次实验中，选择 10 名被试者进行实验，实验前让被试者进行 20 min 的实验内容训练，直到对实验内容已熟练掌握。然后让被试者在保证正确率的情况下，以最快的速度进行实验操作，实验程序记录其平均操作时间。然后基于其所需要的操作时间，进行实验操作时间的设定，以满足实验中任务的时间压力依次为 0.5、1、1.5 和 2，共 4 组实验。随后给被试者佩戴眼动仪并讲解主观评价方法与标准，然后进行正式实验，每组时间压力下的任务进行 5 min，每组实验结束时，进行工作负荷主观评价，评价表填写完成后，被试者按任务键进入下一组实验，整个实验大约 30 min。实验结束后可获得被试者操作实验的正确率、主观评价工作负荷值、瞳孔直径 3 个指标。

在第二次实验时,选择不同于第一次实验的 19 名被试者进行实验,同样在实验前让被试者进行 20 min 的实验内容训练,直到对实验内容已熟练掌握。然后让被试者在保证正确率的情况下,以最快的速度进行实验操作,实验程序记录其平均操作时间。然后基于其所需要的操作时间,进行实验操作时间的设定,以满足实验中任务的时间压力依次为 0.6、0.7、0.9、0.9、1.0、1.2、1.0、0.9、0.8、0.7、0.6,共 11 组实验。首先让被试者进行时间压力的感觉阈限测定,每组任务呈现 10 min,由主试者记录被试者的反应:对肯定的反应画正号,即"＋"号记录;对否定的反应画负号,即"—"号记录。绝对阈限:从一种反应过渡到另一种反应(如有或无)的刺激维度上的分野。随后给被试者佩戴眼动仪并讲解主观评价方法与标准,然后进行正式实验,每组时间压力下的任务进行 3 min,每组实验结束时,进行工作负荷主观评价,评价表填写完成后,被试者按任务键进入下一组实验,整个实验约 1.5 h。实验结束后可获得被试者操作实验的正确率、主观评价工作负荷值、瞳孔直径 3 个指标。

6. 数据处理

　　由于实验内容是等距变化的时间压力实现的,期望不同被试者的测量指标(工作负荷、正确率、瞳孔直径)数据是随着时间压力的变化呈现出相同程度和方向的变化。首先对所有被试的数据进行图示分析,当 80％都呈现出相关的变化趋势时,将无趋势变化的少量被试者数据删除。然后采用 Pearson 相关系数(r)对同一实验下的不同被试者数据及其平均值进行相关性分析,将与其他所有被试者和平均值均在 0.01 或 0.05 水平(双侧)上不存在显著相关的数据删除。

　　采用单因素变量多因素方差分析对一个独立变量是否受多个因素或变量影响而进行的方差分析。检验不同水平组合之间因变量均数受到不同因素影响是否有差异的问题。

　　采用 η 值计算不同因素间的关联度测量,η 介于 0～1 之间的数,越接近 1,就越表明因变量与自变量之间的联系紧密程度越高。

7. 结　果

（1）指标筛选

1）主观评价工作负荷

通过对数据的图表分析和相关性分析,有一名被试者的主观评价值并没有随着时间压力的变化而呈规律性变化,并且与其他被试者的数据及平均值均没有相关性,所以将其数据剔除,对剩余 9 名被试者的数据进行处理分析。

　　基于所有被试者在同一任务中不同时间压力下的工作负荷主观评价值,进行个体和时间压力对工作负荷的影响差异分析。分析中将被试者和时间压力设定为固定因子,工作负荷设定为因变量,并将被试者和时间压力设定为主效应模型。

　　钣钮实验:从两个主效应的 F 检验结果 $F(4,45)=27.353,P<0.05$,由此得出被试者个体和时间压力对因变量工作负荷值在 0.05 水平上是有显著性差异的。主效应被试者个体的检验结果 $F(4,45)=2.498,F0.05=5.14,F(4,45)<F0.05,P=0.075>0.05$,所以不同被试者在同一时间压力下的工作负荷不存在差异性变化。主效应时间压力的检验结果 $F(4,45)=83.278,P<0.05$,表明不同时间压力下的工作负荷差异性显著。

　　通过 η 值的计算,主观评价与时间压力之间的 $\eta=0.922$,表明主观评价与时间压力之间关系紧密;主观评价与个体之间的 $\eta=0.239$,表明主观评价与个体之间的关联性较小。

　　警示灯实验:从两个主效应的 F 检验结果 $F(4,45)=23.972,P<0.05$,由此得出被试者

和时间压力对因变量工作负荷在 0.05 水平上是有显著性差异的。主效应个体的检验结果 $F_{(4,45)}=1.360$，$F_{0.05}=5.14$，$F_{(4,45)}<F_{0.05}$，$P=0.242>0.05$，所以不同被试者在同一时间压力下的工作负荷变化差异不明显。主效应时间压力的检验结果 $F_{(4,45)}=74.849$，$P<0.05$，表明不同时间压力下的工作负荷差异显著。

通过 η 值的计算，主观评价与时间压力之间的 $\eta=0.928$，表明主观评价与时间压力之间关系紧密；主观评价与个体之间的 $\eta=0.187$，表明主观评价与个体之间的关联性较小。

声音识别实验：从两个主效应的 F 检验结果 $F_{(4,45)}=22.517$，$P<0.05$，由此得出被试者和时间压力对因变量工作负荷在 0.05 水平上是有显著性差异的。主效应个体的检验结果 $F_{(4,45)}=2.976$，$F_{0.05}=5.14$，$F_{(4,45)}<F_{0.05}$，$P=0.086>0.05$，所以不同被试者在同一时间压力下的工作负荷变化差异不明显。主效应时间压力的检验结果 $F_{(4,45)}=66.484$，$P<0.05$，表明不同时间压力下的工作负荷差异显著。

通过 η 值的计算，主观评价与时间压力之间的 $\eta=0.899$，表明主观评价与时间压力之间关系紧密；主观评价与个体之间的 $\eta=0.285$，表明主观评价与个体之间的关联性较小。

从上述数据处理结果看，3 组不同的认知任务下，在被试者个体和时间压力作为主效应，对因变量工作负荷值在 0.05 水平上是有显著性差异的；3 组认知任务实验中不同被试者在同一时间压力下的工作负荷变化差异不明显，但不同时间压力下的工作负荷差异显著；主观评价工作负荷值与时间压力之间关系紧密；主观评价工作负荷值与个体之间的关联性较小。

2）正确率

基于所有被试者在同一任务中不同时间压力下任务操作的正确率，进行被试者个体和时间压力对正确率的影响差异分析。分析中将被试者和时间压力设定为固定因子，正确率设定为因变量，并将被试者和时间压力设定为主效应模型。

钣钮实验：从两个主效应的 F 检验结果 $F_{(4,45)}=47.384$，$P<0.05$，由此得出被试者和时间压力对正确率在 0.05 水平上是有显著性差异的。主效应个体的检验结果 $F_{(4,45)}=0.849$，$F_{0.05}=5.14$，$F_{(4,45)}<F_{0.05}$，$P=0.578>0.05$，所以不同被试者在同一时间压力下的正确率变化差异不明显。主效应时间压力的检验结果 $F_{(4,45)}=152.087$，$P<0.05$，表明不同时间压力下的正确率差异显著。

通过 η 值的计算，正确率与时间压力之间的 $\eta=0.966$，表明正确率与时间压力之间关系紧密；主观评价与被试者个体之间的 $\eta=0.109$，表明正确率与个体之间的关联性较小。

警示灯实验：从两个主效应的 F 检验结果 $F_{(4,45)}=180.510$，$P<0.05$，由此得出被试者和时间压力对因变量正确率在 0.05 水平上是有显著性差异的。主效应个体的检验结果 $F_{(4,45)}=2.032$，$F_{0.05}=5.14$，$F_{(4,45)}<F_{0.05}$，$P=0.064>0.05$，所以不同被试者在同一时间压力下的正确率变化差异不明显。主效应时间压力的检验结果 $F_{(4,45)}=582.085$，$P<0.05$，表明不同时间压力下的工作负荷差异显著。

通过 η 值的计算，正确率与时间压力之间的 $\eta=0.988$，表明正确率与时间压力之间关系紧密；正确率与个体之间的 $\eta=0.089$，表明正确率与个体之间的关联性较小。

声音识别实验：从两个主效应的 F 检验结果 $F_{(4,45)}=141.665$，$P<0.05$，由此得出被试者和时间压力对因变量正确率在 0.05 水平上是有显著性差异的。主效应个体的检验结果 $F_{(4,45)}=0.714$，$F_{0.05}=5.14$，$F_{(4,45)}<F_{0.05}$，$P=0.693>0.05$，所以不同被试者在同一时间压力下的正确率变化差异不明显。主效应时间压力的检验结果 $F_{(4,45)}=458.805$，$P<$

0.05,表明不同时间压力下的正确率差异显著。

通过 η 值的计算,正确率与时间压力之间的 $\eta=0.988$,表明正确率与时间压力之间关系紧密;正确率与被试者个体之间的 $\eta=0.055$,表明正确率与个体之间的关联性较小。

从上述数据处理结果看,3 组不同的认知任务下,在被试者个体和时间压力作为主效应,对因变量正确率在 0.05 水平上是有显著性差异的;3 组认知任务实验中不同被试者在同一时间压力下的正确率变化差异不明显,但不同时间压力下的正确率差异显著;正确率与时间压力之间关系紧密;正确率与被试者个体之间的关联性较小。

被试者和时间压力对正确率在 0.05 水平上是有显著性差异的。主效应个体的检验结果 $F_{(4,45)}=0.849$,$F0.05=5.14$,$F_{(4,45)}<F0.05$,$P=0.578>0.05$,所以不同被试在同一时间压力下的正确率的变化差异不明显。主效应时间压力的检验结果 $F_{(4,45)}=152.087$,$P<0.05$,表明不同时间压力下的正确率差异显著。

通过 η 值的计算,正确率与时间压力之间的 $\eta=0.966$,表明正确率与时间压力之间关系紧密;主观评价与被试者个体之间的 $\eta=0.109$,表明正确率与个体之间的关联性较小。

警示灯实验:从两个主效应的 F 检验结果 $F_{(4,45)}=180.510$,$P<0.05$,由此得出被试者和时间压力对因变量正确率在 0.05 水平上是有显著性差异的。主效应个体的检验结果 $F_{(4,45)}=2.032$,$F0.05=5.14$,$F_{(4,45)}<F0.05$,$P=0.064>0.05$,所以不同被试者在同一时间压力下的正确率变化差异不明显。主效应时间压力的检验结果 $F_{(4,45)}=582.085$,$P<0.05$,表明不同时间压力下的工作负荷差异显著。

通过 η 值的计算,正确率与时间压力之间的 $\eta=0.988$,表明正确率与时间压力之间关系紧密;正确率与个体之间的 $\eta=0.089$,表明正确率与个体之间的关联性较小。

声音识别实验:从两个主效应的 F 检验结果 $F_{(4,45)}=141.665$,$P<0.05$,由此得出被试者和时间压力对因变量正确率在 0.05 水平上是有显著性差异的。主效应个体的检验结果 $F_{(4,45)}=0.714$,$F0.05=5.14$,$F_{(4,45)}<F0.05$,$P=0.693>0.05$,所以不同被试者在同一时间压力下的正确率变化差异不明显。主效应时间压力的检验结果 $F_{(4,45)}=458.805$,$P<0.05$,表明不同时间压力下的正确率差异显著。

通过 η 值的计算,正确率与时间压力之间的 $\eta=0.988$,表明正确率与时间压力之间关系紧密;正确率与被试者个体之间的 $\eta=0.055$,表明正确率与个体之间的关联性较小。

从上述数据处理结果看,3 组不同的认知任务下,在被试者个体和时间压力作为主效应,对因变量正确率在 0.05 水平上是有显著性差异的;3 组认知任务实验中不同被试者在同一时间压力下的正确率变化差异不明显,但不同时间压力下的正确率差异显著;正确率与时间压力之间关系紧密;正确率与被试者个体之间的关联性较小。

从上述数据处理结果看,3 组不同的认知任务下,在被试者个体和时间压力作为主效应,对因变量瞳孔直径在 0.05 水平上是有显著性差异的;3 组认知任务实验中不同被试者在同一时间压力下的瞳孔直径变化差异性明显,不同时间压力下的正确率差异显著;表明瞳孔直径与被试者个体之间关系紧密,表明正确率与时间压力之间的关联性较小。

不同时间压力下的不同种类任务实验中,正确率和工作负荷主观评价值两指标在被试者个体间不存在差异性,而在不同时间压力下差异性显著,所以它们能用于工作负荷的的测量研究。瞳孔直径在不同被试者间存在的差异性大于不同时间压力下的差异性,但其随着时间压力的变化趋势非常明显。

(2) 不同任务与时间压力、测量指标的关系

1) 工作负荷主观评价值

将 10 个被试者在同一任务下的主观评价值进行平均后,导入 SPSS 中的 UNIANOVA 模块中,将任务种类和时间压力设定为固定因子,工作负荷设定为因变量,并将任务种类和时间压力设定为主效应模型。分析结果从两个主效应的 F 检验结果: $F(2,12)=251.068,P<0.05$,由此得出任务种类和时间压力对因变量工作负荷在 0.05 水平上是有显著性差异的。截距的检验结果 $P<0.05$,结论是:对于同种类任务,不同时间压力下工作负荷增加明显。主效应任务的检验结果 $P<0.05$,表明不同任务造成的工作负荷存在差异性。主效应时间压力的检验结果 $P<0.05$,表明不同时间压力造成的工作负荷存在差异性。除了任务种类和时间压力外,由未考虑到的协变量效应或交互效应、随机因素效应和组内差异等引起的误差平方和 ES$=0.137$,均方 $E=0.017$。

工作负荷主观评价值与任务种类之间的 $\eta=0.158,R=0.143$,表明任务种类与工作负荷之间不存在紧密的联系;工作负荷时间压力之间的 $\eta=0.985,R=0.974$,表明工作负荷与时间压力之间存在紧密的联系。实验一不同时间压力下的工作负荷主观评价值如图 5-9 所示。

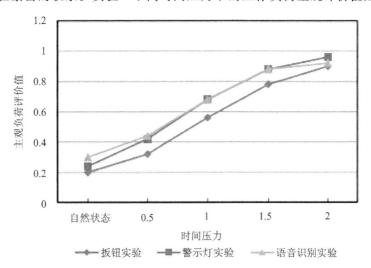

图 5-9 实验一不同时间压力下的工作负荷主观评价值

2) 正确率

将 10 个被试者在同一任务下的正确率值进行平均后,导入 SPSS 中的 UNIANOVA 模块中,将任务种类和时间压力设定为固定因子,正确率设定为因变量,并将任务种类和时间压力设定为主效应模型。分析结果从两个主效应的 F 检验结果: $F(2,12)=100.056,P<0.05$,由此得出任务种类和时间压力对因变量正确率在 0.05 水平上是有显著性差异的。截距的检验结果 $P<0.05$,结论是:对于同种类任务,不同时间压力下工作负荷增加明显不同。主效应任务的检验结果 $P=0.100>0.05$,表明不同任务造成的正确率不存在差异性。主效应时间压力的检验结果 $P<0.05$,表明不同时间压力造成的工作负荷存在差异性。除了任务种类和时间压力外,由未考虑到的协变量效应或交互效应、随机因素效应和组内差异等引起的误差平方和 ES$=260.996$,均方 $E=32.625$。

正确率与任务种类之间的 $\eta=0.101,R=-0.089$,说明自变量任务种类与因变量正确率

之间不存在紧密联系;正确率与时间压力之间的 $\eta=0.988,R=-0.943$,说明正确率与时间压力之间存在紧密联系。实验一不同时间压力下的正确率如图 5-10 所示。

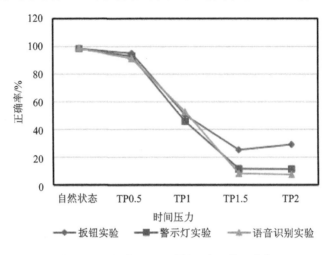

图 5-10 实验一不同时间压力下的正确率

3) 瞳孔直径

将 10 个被试者在同一任务下的瞳孔直径进行平均后,导入 SPSS 中的 UNIANOVA 模块中,将任务种类和时间压力设定为固定因子,瞳孔直径设定为因变量,并将任务种类和时间压力设定为主效应模型。分析结果从两个主效应的 F 检验结果:$F(2,12)=27.648,P<0.05$,由此得出任务种类和时间压力对因变量正瞳孔直径在 0.05 水平上是有显著性差异的。截距的检验结果 $P<0.05$,结论是:对于同种类任务,不同时间压力下瞳孔直径增加明显。主效应任务的检验结果 $P<0.05$,表明不同任务造成的瞳孔直径变化存在差异性。主效应时间压力的检验结果 $P<0.05$,表明不同时间压力造成的瞳孔直径变化存在差异性。除了任务种类和时间压力外,由未考虑到的协变量效应或交互效应、随机因素效应和组内差异等引起的误差平方和 ES$=0.004$,均方 $E=0.001$。

瞳孔直径与时间压力之间的 $\eta=0.673,R=0.287$,说明自变量任务种类与因变量正确率之间不存在紧密联系瞳孔直径与任务之间的 $\eta=0.708,R=-0.050$,说明瞳孔直径与时间压力之间存在紧密联系。实验一不同时间压力下的瞳孔直径如图 5-11 所示。

从上述数据处理结果看,得出任务种类和时间压力对因变量工作负荷主观评价、正确率、瞳孔直径 3 个指标在 0.05 水平上是都有显著性差异;对于同种类任务,不同时间压力下工作负荷主观评价、正确率、瞳孔直径增加明显,不同任务种类造成的瞳孔直径、工作负荷变化存在差异性;任务种类与工作负荷主观评价、正确率、瞳孔直径之间都不存在紧密的联系。

所以当消除被试者个体差异后,工作负荷主观评价、正确率、瞳孔直径 3 个测量指标可用于不同任务、不同时间压力下工作负荷的测量研究。同时当时间压力从 0.5、1.0、1.5、2.0、各指标均有明显的变化趋势,并且在 0.5、1.0、1.5 出现直线变化趋势或峰值。所以为了更加准确地了解它们的变化,可以采用这 3 个指标对这些时间压力下任务进行细化研究,并找到时间压力影响因素下的工作负荷"红线"。

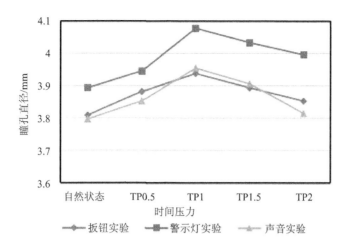

图 5 - 11 实验一不同时间压力下的瞳孔直径

（3）实验二下的任务种类、工作负荷、时间压力关系

1）工作负荷

将 10 个被试者在同一任务下的主观评价值进行平均后，导入 SPSS 中的 UNIANOVA 模块中，将任务种类和时间压力设定为固定因子，工作负荷设定为因变量，并将任务种类和时间压力设定为主效应模型。分析结果从两个主效应的 F 检验结果：$F(2,15)=56.593$，$P<0.05$，由此得出任务种类和时间压力对因变量工作负荷在 0.05 水平上是有显著性差异的。截距的检验结果 $P<0.05$，结论是：对于同种类任务，不同时间压力下工作负荷增加明显不同。主效应任务的检验结果 $P=0.02<0.05$，表明不同任务造成的工作负荷存在差异性。主效应时间压力的检验结果 $P<0.05$，表明不同时间压力造成的工作负荷存在差异性。除了任务种类和时间压力外，由未考虑到的协变量效应或交互效应、随机因素效应和组内差异等引起的误差平方和 $ES=0.634$，均方 $E=0.032$。

工作负荷与任务种类之间的 $\eta=0.117$，$R=-0.087$，表明任务种类与工作负荷之间不存在紧密的联系；工作负荷时间压力之间的 $\eta=0.979$，$R=-0.008$，表明工作负荷与时间压力之间存在紧密的联系。实验二不同时间压力下的工作负荷主观评价值如图 5 - 12 所示。

2）正确率

将 10 个被试者在同一任务下的正确率值进行平均后，导入 SPSS 中的 UNIANOVA 模块中，将任务种类和时间压力设定为固定因子，正确率设定为因变量，并将任务种类和时间压力设定为主效应模型。分析结果从两个主效应的 F 检验结果：$F(2,15)=36.126$，$P<0.05$，由此得出任务种类和时间压力对因变量正确率在 0.05 水平上是有显著性差异的。截距的检验结果 $P<0.05$，结论是：对于同种类任务，不同时间压力下工作负荷增加明显不同。主效应任务的检验结果 $P=0.213>0.05$，表明不同任务造成的正确率不存在差异性。主效应时间压力的检验结果 $P<0.05$，表明不同时间压力造成的工作负荷存在差异性。除了任务种类和时间压力外，由未考虑到的协变量效应或交互效应、随机因素效应和组内差异等引起的误差平方和 $ES=258.923$，均方 $E=25.892$。

正确率与任务种类之间的 $\eta=0.117$，$R=0.060$，说明自变量任务种类与因变量正确率之间不存在紧密联系；正确率与时间压力之间的 $\eta=0.974$，$R=-0.938$，说明正确率与时间压

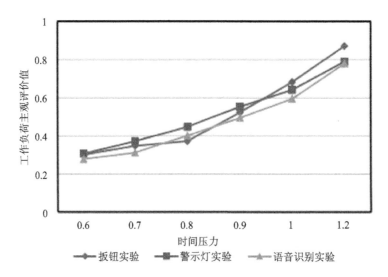

图 5 – 12　实验二不同时间压力下的工作负荷主观评价值

力之间存在紧密联系。实验二不同时间压力下的正确率如图 5 – 13 所示。

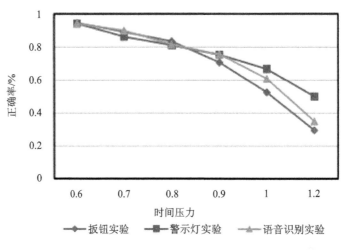

图 5 – 13　实验二不同时间压力下的正确率

3）瞳孔直径

将 10 个被试者在同一任务下的正确率值进行平均后,导入 SPSS 中的 UNIANOVA 模块中,将任务种类和时间压力设定为固定因子,正确率设定为因变量,并将任务种类和时间压力设定为主效应模型。分析结果从两个主效应的 F 检验结果:$F(2,15)=37.477,P<0.05$,由此得出任务种类和时间压力对因变量正确率在 0.05 水平上是有显著性差异的。截距的检验结果 $P<0.05$,结论是:对于同种类任务,不同时间压力下工作负荷增加明显不同。主效应任务的检验结果 $P<0.05$,表明不同任务造成的正确率存在差异性。主效应时间压力的检验结果 $P<0.05$,表明不同时间压力造成的工作负荷存在差异性。除了任务种类和时间压力外,由未考虑到的协变量效应或交互效应、随机因素效应和组内差异等引起的误差平方和 $ES=0.025$,均方 $E=0.001$。

正确率与任务种类之间的 $\eta=0.898,R=0.872$,说明自变量任务种类与因变量正确率之间不存在紧密联系；正确率与时间压力之间的 $\eta=0.389$，$R=-0.236$，说明正确率与时间压力之间存在紧密联系。实验二不同时间压力下的瞳孔直径如图 5-14 所示。

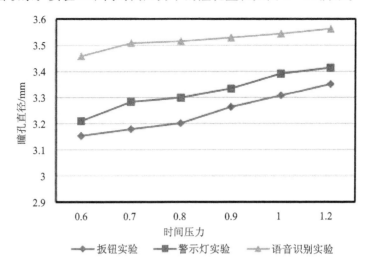

图 5-14　实验二不同时间压力下的瞳孔直径

5.3.3　时间压力与飞行工作负荷关系分析

1. 工作负荷"红线"

（1）时间压力感觉阈限测量"红线"

由于不同认知任务下，任务的时间压力依次为 0.6、0.7、0.9、0.9、1.0、1.2、1.0、0.9、0.8、0.7、0.6，将同一被试者同一时间压力的感觉域限值进行平均化处理。本次绝对域限选取 50% 被试者所评价的值，由于数量有限，所以选择第 50 百分位的绝对域限作为实验的时间压力绝对域限。由表 5-2 可知，不同认知任务下的时间压力的感觉域限值都为 0.8。

表 5-2　不同实验下时间压力下的主观感受阈值

实验名称 统计值	扳钮位置识别	警示灯判别	语音识别
平均值	0.79	0.78	0.80
中值	0.80	0.80	0.80
标准差	0.076	0.11	0.08
方差	0.01	0.01	0.01
第 50 百分位	0.80	0.80	0.80

（2）工作负荷"红线"分析

在时间压力与工作负荷的关系实验研究中，进行了工作负荷、瞳孔直径、正确率等指标的测量，同时增加时间压力的感觉阈限测定。感觉阈限测定结果表明，在时间压力为 0.8 时明显感觉到时间压力并对工作有影响。分析工作负荷、瞳孔直径、正确率三者的关系可知，不同认知任务下，在时间压力为 0.8 时，正确率下降到 80% 左右；从时间压力为 0.8 开始，瞳孔直径呈现直线变化斜率增加。所以结合以上结论，不同认知任务下，时间压力与正确率、瞳孔直径、工作负荷之间的关系均相同,不存在差异性,因此可以将时间压力为 0.8,正确率为 80%～85%,定为工作负荷的"红线",见图 5 - 15～图 5 - 17。

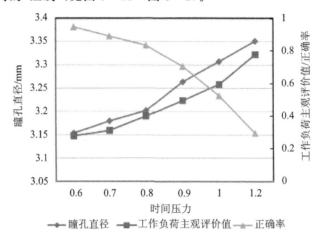

图 5 - 15　扳钮位置识别实验下的测量指标

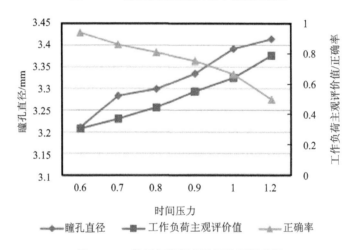

图 5 - 16　警示灯判别实验下的测量指标

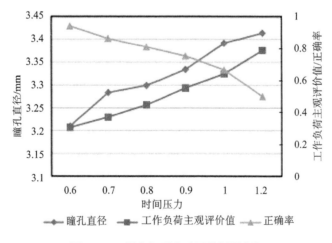

图 5 - 17　语音识别实验下的测量指标

2. 关系模型

1) 主观评价值与时间压力

工作负荷主观评价值为 y,时间压力为 x,x 对 y 有高度显著的线性影响。

$$y = -0.279 + 0.903x, \quad 0 \leqslant x \leqslant 1.2 \tag{1}$$

2) 正确率与时间压力

正确率为 y,时间压力为 x,x 对 y 有高度显著的线性影响。

$$y = 1.012 + 0.309x - 0.699 \times 2, \quad 0 \leqslant x \leqslant 1.2 \tag{2}$$

3) 瞳孔直径与时间压力

瞳孔直径为 y,时间压力为 x,x 对 y 有高度显著的线性影响。

$$y = 3.117 + 0.282x, \quad 0 \leqslant x \leqslant 1.2 \tag{3}$$

5.3.4 分析与讨论

由于个体差异,每个被试者操作相关任务时的反应时间不同,在基于时间压力进行操作时间设置时,必须基于每个人自身的操作时间因人而异地进行设置,并由此得到的时间压力与操作绩效、工作负荷之间的关系。

综合分析了工作负荷的主、客观方法指标后发现,不同飞行任务下的工作负荷"红线"均出现在时间压力 0.8,并且此时的正确率均在 $80\%\sim85\%$ 范围内。Schvaneveldt(1997)研究发现,在熟练任务下 $85\%\sim95\%$ 的正确率为工作负荷"红线",而在不熟练任务下"红线"正确率在 $70\%\sim75\%$ 范围内。Beevis 等(1994)论述了在时间压力超过 $70\%\sim80\%$ 时,人会达到超负荷。在本文的实验中,训练时间大概是 10 min,在新数据和训练数据之间,所以工作负荷"红线"也在这两个研究结果之间。工作负荷"红线"用时间压力定义时,研究结果与 Beevis 等的研究结果相似。

在相同时间压力下,不同飞行任务的工作负荷主观评估和正确率并没有显著的差异。然而,相同时间压力下,不同任务中的瞳孔直径存在显著差异。瞳孔直径可能受很多因素的影响,例如光照、距离等。因此,在实验中,我们根据瞳孔控制所有的因素。根据研究结果我们发现瞳孔直径的增加,对时间压力和任务类型的变化非常敏感。相比于正确率和主观评估,瞳孔直径对工作负荷的变化更加敏感,甚至对任务类型的细微变化都很敏感,因此我们继续开展对这一部分的研究。

主观评估工作负荷在由多参数所决定的负荷"红线"点大致是 5。工作负荷通常从多维度评估:例如 SWAT 中的时间负荷,努力负荷和精神压力;NASA - TLX(NASA Task Load Index)中的心理需求、身体需求、短时需求、努力、绩效、失望水平。在该实验中,工作负荷仅来自于因素时间压力,而任务负荷低,因此被试者在绩效降低时依旧感觉负荷低。在这种情况下,主观评估负荷不能用于决定负荷红线的参考参数。

在心理物理学中,绝对域限是在 50% 的测验次数中引起肯定反应的刺激值。由于本实验不能过长,在绝对域限的测量中,并没有进行多次测量,所以本实验是将所有被试者的主观评价感觉域限进行处理分析,选择第 50 百分位的数据作为能明显感觉到时间压力的感觉域限值。

由于本研究在确定时间压力值时,任务操作需要的时间通过让被试者在保证正确的情况下以最快速度进行任务操作而确定的,而在本论文中的飞行操作时间通过飞行员主观评价得到,评价得到的是他们在习惯操作下需要的时间,所以本研究任务操作需要的时间小于飞行员主观评价得到的时间值,而这个差值到底有多大,还需要进一步的研究确定,所以目前本研究建立的关系模型不能作为时间压力对飞行工作负荷影响系数值的分析。

5.3.5 小　结

本研究通过钣钮位置判别实验、警示灯判别实验、提示音识别这3组飞行操作任务作为实验内容。设置时间压力0.6、0.7、0.8、0.9、1.0、1.2为唯一变量。实验中,采用主观测量、生理测量(瞳孔直径)、任务测量(正确率)3种测量方法相结合进行工作负荷的测量,同时获取主观感觉时间压力域限。最终获得以下研究结论:

① 当时间压力作为任务需求唯一的影响因素时,在不同种类任务之间,均在时间压力为0.8(操作需要的时间与允许的时间之比为0.8)时是工作负荷的"红线",此时正确率范围为80%～85%。

② 在时间压力为0.6～1.2范围内时,时间压力与主观评价工作负荷成线性关系;时间压力与正确率成二次曲线关系;时间压力与瞳孔直径也成线性关系。

③ 在不同的操作任务下,时间压力与工作负荷的关系并没有显著差异性。所以本研究研究得到的工作负荷与时间压力的关系模型在飞机设计阶段可以有两方面的作用:第一可以直接基于飞行操作程序进行工作负荷的预测分析,特别是对应急情况下的分析,为工作负荷的过载情况提供分析数据参考;第二是用于时间压力对工作负荷影响程序的系数确定提供基础。

参考文献

[1] Beevis D, Bost R, Döring B, et al. Analysis Techniques for Man – Machine System Design[R]. Defence Research Group, North Atlantic Treaty Organization. NATO document AC/243 (Panel 8) TR/7,1994,V1(2).

[2] Schvaneveldt R W, Reid G B, Gomez R L, et al. Modeling mental workload[R]. New Mexico State: Univ Las Cruces Computing Research Lab,1997.

[3] 刘伟,袁修干,柳忠起,等.飞行员扫视、操作绩效及工作负荷的实验研究[J].航天医学与医学工程,2005,18(4):293-296.

[4] 张智君,朱祖祥.次任务技术对追踪负荷的测评敏感性[J].中华航空航天医学杂志,1997,8(3):154-157.

[5] 何雪丽.民用机组工作负荷综合评估及影响因素研究[D].北京:北京航空航天大学,2016.

第6章　工作负荷适航符合性审定

航空器设计是空气动力学、飞行力学和航空器结构学等多学科的综合。为了保证航空器能安全地作为常规交通工具运行,在投入市场之前,有必要证明航空器设计和构造是符合安全要求的,这就是适航符合性审定,这个任务由航空主管当局执行。适航概念的引入,可以帮助航空工程领域的研究者、设计者、制造者、运营商和适航当局相互了解,他们应该协同一致地工作,因为有一个共同目标——飞行安全。在过去一个多世纪,飞机设计积累了大量的经验。随着技术的不断发展,飞机系统愈加复杂,系统集成和自动化应用更加广泛。无论技术如何发展,飞行安全始终是飞机设计首要关注的问题,现代运输机任何时候都离不开人的主导,人为因素中的工作负荷问题是飞机设计过程中必不可缺的要素。

6.1　适航概念

适航是航空器能在预期的环境中安全飞行(包括起飞和着陆)的固有品质,这种品质可以通过合适的维修而持续保持。适航是航空器安全的本质特征,是由设计赋予、制造实现、验证表明、审查确认、维护保持的固有属性。

"适航的"品质通过设计赋予航空器,"适航的"品质通过规定的合格审定程序进行确认。申请人(航空器的研制方)通过符合性验证工作表明对标准的符合性(Show Compliance),局方通过审查工作确认符合性(Find Compliance)。适航审定(Airworthiness Certification)的结果形式为颁发证件(Certificate)。适航审定工作中的两方分别是申请人/持证人(Applicant/Certificate Holder)和局方(Authority),申请人依据确定的审定基础(Certification Basis)和符合性方法(Means/Method of Compliance,MoC),遵循一定的管理程序向局方表明对适航标准的符合性,局方确认符合性。

根据意大利 RAI‑ENAC(意大利广播协会‑ENAC)的技术规范,适航性指的是在许用范围内,为了满足安全飞行,航空器或航空器部件所拥有的必要要求。这一定义中有 3 个关键因素,即安全性条件、拥有必要要求和许用限制,它们的含义如下:

- 安全性条件。这可认为是与正常飞行过程的圆满完成相关的,指免于造成人员伤亡、设备或财产损失、环境破坏的状况。

- 拥有必要要求。这是指在安全性条件下,航空器及其任何部件,是依据条例要求而设计和制造的。这些条例以适航标准等形式体现,它们包括了一系列的设计要求:结构要求、飞行性能要求、系统要求、设计准则要求、试验要求、飞行和维修手册要求等。条例目的是通过消除或缓解可能导致人员伤亡或设备损坏的状况来提升安全性。

- 许用限制。航空器被设计成在一定的"飞行包线"内飞行,这主要取决于结构载荷和飞行速度。根据使用类型的不同,可以确定航空器不同最大重量。飞行的运行条件,如目视飞行、仪表飞行、结除冰条件等也要确定。超出这些条件和限制则可能造成事故发生,典型的超出限制飞行的例子包括超重起飞、超出飞行速度限制、以非特技飞行载

荷设计的飞机用于特技飞行等。飞行员通过培训、学习飞行手册和驾驶舱中的标识等,掌握这些限制。

飞行安全从航空器设计就开始考虑,并且必须在航空器使用寿命期间通过持续维护而继续保持其结构、飞行性能和品质、系统等符合适航要求。

适航一词最初来源于适海,英文 Sea - Worthiness,意思是适合于在海上航行,值得在海上航行,后发展到航空领域,英文 Air - Worthiness,意思是适合于在空中飞行,值得在空中飞行。航空器适航的提出来源于公众利益需求。早期的飞行活动发生了对公众利益的损害,公众要求政府对空中飞行活动进行管理,以保护公众利益。要求对航线、飞行员的管理,到对航空器的管理,要求航空器的设计制造和修理达到一定的安全水平。

FAA 最早开始发展适航审定,距今已有 80 多年的发展历史,是当今世界经验最丰富、最强大的适航管理局。1903 年莱特兄弟首次航空飞行。1926 年美国在商务部成立航空司(Aeronautic Branch),并颁发第 7 号航空通报(基本要求),对飞行员、航图、导航、适航标准进行管理。第一架飞机 Buhl Airstar 得到了型号合格审定,并颁发了飞机设计手册。1934 年把航空司更改为航空局,并开始制定民用航空规章。从 1934 年到 1958 年相继制定颁发了CAR04(飞机适航要求)、CAM04(要求和解释材料)、CAR03(小飞机)、CAR06(旋翼机)、CAR04a - 1(TSO)、CAR7(运输类旋翼飞机)。1958 年把原来航空局更改为联邦航空局(Federal Aviation Agency,FAA),给 FAA 增加了制定规章(FAR)和军民空管职责。同年,第一架喷气式飞机 B707 得到了 FAA 的审定,该飞机一直生产到 1991 年。从 1958 年开始逐步制定FAR。1965 年制定颁发了 FAR21 部—适航审定管理程序,并把 CAR 相继转换成 FAR。1966 年把联邦航空局更改为联邦航空管理局(Federal Aviation Administration,FAA),并把事故调查的职责划分给了 NTSB(NTSB 直接向国会报告)。1981 年 FAA 的适航审定司建立了 4 个审定中心,按飞机的类别负责审定政策和项目管理,并按工业布局组建了相应的 ACO和 MIDO。随着设计技术的进步、对运营故障和事故的研究,FAA 的适航要求在不断地修订。随着航空工业的发展,FAA 不断地改造调整其组织机构和布局。

欧洲航空安全局 EASA 是欧洲适航审定当局。AIRBUS 以及欧盟和美国在民用航空界的竞争需求成就了 Joint Aviation Authority (JAA) 的诞生,20 世纪 70 年代初为了在欧洲大型运输类飞机和发动机的代码共享以及 AIRBUS,在欧盟范围内成立了 JAA。这时的 JAA主要负责大型运输类飞机和发动机的适航技术要求。1987 年 JAA 的工作范围扩展到了运营、维修和人员执照。1990 年 JAA 正式成立,在欧洲统一了民用飞机的安全要求——Joint Aviation Regulation (JAR)。这时的 JAA 不是一个法律框架下的机构,是一个协会,在每个主权国家同时存在适航当局,如 DGAC - F、DGAC - S、LBA、CAA 等。在对项目审查时有JAA 组成由各国适航当局参加的审查组,审查报告提供给各适航当局,最后由各适航当局单独颁发证件,但使用的标准统一。1990 年,塞浦路斯协议的签订,标志着 JAA 的成立。JAA是一个联合体,它是由欧洲一些国家的民用航空局组成的。到目前为止,JAA 已有 42 个成员国。随着欧盟国家一体化步伐的迈进,以及欧洲民用航空竞争的需要,2002 年欧盟决定成立具有法律权限的欧洲航空安全局 EASA。EASA 全面接替原 JAA 的职能,并在成员国内按欧盟法律具有强制性的权限。开始制定 CS - 21、CS - 23、CS - 25、CS - E 等适航规章。2004 年EASA 正式宣布成立。到目前为止还在成立完善之中。对 AIRBUS 的产品其生产制造全部由 EASA 审查颁证和管理。对其他产品,设计由 EASA 审查批准,制造由所在国适航当局审查批准,形成了一个完整统一的、与 FAA 同等重要的欧洲适航机构。

我国适航审定始于 20 世纪 70 年代末,民航局成立了工程司,开始着手适航审定管理。从 1985 年开始到 1992 年参照 FAR 逐步制定 CCAR25 部、23 部、35 部、33 部、27 部、29 部、21 部等。到 1992 年基本建立了和 FAR 相当的适航审定规章体系。1985 年和 FAA 合作对 MD82 在中国的转包生产进行监督检查。1985 年给 Y12II 型飞机颁发了型号合格证,并开始对进口中国的国外飞机进行认可审定。1987 年国务院颁发了适航管理条例。1987 年成立了适航司,开始参照美国的模式建立适航审定系统。从 1989 年开始逐步建立上海、西安、沈阳、成都航空器审定中心。2003 年在 6 个地区管理局建立适航审定处。2003 年开始对 ARJ21 飞机进行适航审定。2007 年建立上海和沈阳航空器适航审定中心。2010 年建立成都航油航化适航审定中心。

6.2 适航相关机构和标准体系

6.2.1 国际民用航空组织(ICAO)

在航空发展最初阶段,拥有远见的人们意识到航空运输将是一种能超越国界的运输方式。1910 年,18 个欧洲国家在法国巴黎召开了首届航空国际法大会。一战促进了航空技术的极大发展,也证明了航空输送货运和人员的潜力。战后,航空迅速转向民用,其速度优势凸显,而跨地区运输问题也日益迫切需要国际关注。1919 年,巴黎和会的讨论促成成立了航空委员会,38 个国家签订了国际航空公约。公约考虑了民航业各个领域,建立国际航空协会来监控民航业发展并提出发展措施。二战中因战争需要,飞机技术获得了迅猛发展,远距离运输成为现实。基于 1944 年早些时候美国政府和其他联盟国家的探索性讨论结果,1944 年 11 月,52 个受邀国出席了芝加哥会晤,12 月与会国签订了《国际民用航空公约》,也称《芝加哥公约》,它包括一份序言和 96 条条款。

1947 年 4 月 4 日,《国际民用航空公约》正式生效,国际民用航空组织(ICAO)也因之正式成立,总部设在加拿大蒙特利尔。目前 ICAO 成员国数目已超过 190 个。

ICAO 的宗旨是制定国际航空的原则与技术,促进国际民航运输的规划与发展,以便

- 确保全球国际民航安全有序增长;
- 鼓励用于和平目的的航空器设计和运行;
- 鼓励用于国际民航的空中航线、机场和航空导航设施的发展;
- 满足世界人民对航空运输安全、有序、高效和经济的需要;
- 防止不合理竞争导致的经济浪费;
- 确保缔约国的权利得到完全尊重,确保每个缔约国拥有使用国际航线的公正机会;
- 避免缔约国之间的歧视;
- 提升国际航空的飞行安全性;
- 普遍促进国际民航各方面的发展;

ICAO 的主要技术任务是发展安全运行、高效有序空中服务的标准化,这使得民航业在航空器、工作人员、航线、地面设施、附属服务等诸多领域达到了高可靠性。标准化工作通过修订《国际民用航空公约》的附件来完成,作为国际的标准和推荐措施(Standards and Recommended Practices,SARPs)。SARPs 是 ICAO 成员国同意遵循的标准,若成员国有不同的标准,则必须告知 ICAO 其中的差别。SARPs 是期望准则而非强制性的标准。决定某一议题能否成为 SARPs 中的内容,基本原则是"所有成员国应用该统一的标准是必需的"。

ICAO 的 SARPs《国际民用航空公约》中 19 个附件内容如下:

附件 1——人员执照的颁发

向飞行机组成员(飞行员、飞行工程师和飞行领航员)、空中交通管制员、航空器维护人员、航空营运人、飞行签派员颁发工作执照。人是航空器运行环节中关键的一环,而同时由于其本性决定也是最灵活和多变的。有必要进行适当的培训,以把人的失误减至最少,并提供有能力、有技能、熟练的和合格的人员。附件 1 和 ICAO 培训手册描述了在各工种中精通业务所需的技能,从而有助于胜任工作。附件的体检标准,要求定期进行健康检查,对可能造成能力丧失的体格状况提供了早期警报,有助于飞行机组和管制员的总体健康。人为因素计划处理了已知的人的能力和局限性,向各国提供了关于这一课题的基本信息,以及设计适当培训方案所需的材料。ICAO 的目标是,通过提高各国对民航运行中人的因素的重要性的认识并做出回应,从而提高航空安全。

附件 2——空中规则

航空旅行必须安全、高效,这就需要有一套国际上一致同意的空中规则,这些规则由本部分所载的一般规则、目视飞行规则和仪表飞行规则所组成。它们无例外地适用于公海上空,并且在与被飞越国家的规则不冲突的情况下,也适用于这些国家的领土上空。航空器的机长负责遵守这些空中规则。

附件 3——国际航空气象服务

飞行员需要知悉要飞行的航路和目的地机场的气象条件。本部分中所述的气象服务的目标是促进空中航行的安全、效率和正常。实现这一目标的手段是向经营人、飞行机组成员、空中交通服务单位、搜寻和援救单位、机场管理部门和其他与航空有关的各方提供必要的气象信息,以及报告从航空器上观察到的气象情报。在国际机场,通常由气象室向航空用户提供气象情报。各气象信息提供者和使用者之间的密切联络是至关重要的。

附件 4——航图

本部分是在航空中使用的航图规范。对各国提供各种类型的 ICAO 航图所承担的义务做了规定,并详细地规定了航图的覆盖范围、格式、识别和内容,包括标准化地使用符号和颜色。其目的是满足按照统一和一致的方式提供航图的需要,使它包含符合规定质量的有关资料。出版的航图如果在标题中列"ICAO",则说明航图制作者遵守了附件 4 的普遍标准和与 ICAO 特定类型航图的有关标准。

附件 5——空中和地面运行中所使用的计量单位

空中和地面运行中使用的度量尺度。以公制为基础的 ICAO 计量单位表,涵盖了空中和地面运行的所有方面,而不仅仅是空地通信。采用称为 SI(Système International d'Unités)的国际单位制,作为民用航空中使用的基本标准化制度。除了 SI 单位外,承认航空中可能与 SI 单位一起永久使用的多个非 SI 单位。这些包括升、摄氏度、测量平面角的度数等。有些非 SI 单位在航空中具有特殊地位,需要保留,至少暂时保留。这些单位就是海里和节,以及仅在测量高度、标高或高升使用的英尺。在终止使用这些单位方面有些实际问题,因此还没有可能规定一个终止日期。附件 5 第 14 次和第 15 次修订引入了对米的新定义,删除了对临时的非

SI 单位的援引。

附件 6——航空器的运行

国际商用航空运输的航空器运行标准和准则。包括承运人的审定规范、一般航空行为(包括维护)技术和运行规范。其实质是从事国际航空运输航空器的运行必须尽可能地实现标准化,以确保最高程度的安全和效率。本附件分 3 部分:第 I 部分是国际商业航空运输——固定翼飞机;第 II 部分是国际通用航空——固定翼飞机;第 III 部分是国际运行——直升机。涵盖航空器的运行、性能、通信和导航设备、维修、飞行文件、飞行人员的职责和航空器保安等领域。

人的因素是航空器安全和有效运行的一个重要组成部分。附件 6 明确规定了各国对其经营人、特别是飞行机组监督的责任。主要的规定要求对监督飞行运行制定一种方法,以便保证持续安全程度。它要求对每种型号的航空器提供运行手册,并要求每个承运人承担责任确保对所有运行人员的职责和义务、以及这种职责同航空公司整体运行的关系进行正确的指导。机长对保证飞行准备是全面的并符合所有要求承担最终的义务。经营人制定限制飞行机组成员的飞行时间和飞行值勤期的规则,还要求经营人提供充沛的休息时间,以便飞行中或连续飞行时间之后产生的疲劳不得危及飞行安全。劫持民用航空器对机长带来了额外的负担。除了纯粹的技术性质的预防措施之外,ICAO 对这种行为所需要的各种安全预防措施做了研究,尽可能多地涵盖各种紧急情况。

附件 7——航空器的国籍和登记标志

指定对航空器分类、登记、识别的要求。本附件是 ICAO 最简短的附件,它涉及航空器国籍和登记标志,并在不同的列表中根据航空器如何保持持续空中飞行做了分类。附件规定 ICAO 缔约国从国际电信联盟分配给登记国的无线电呼叫信号所包含的国籍代号中挑选国籍标志的程序。它规定了国籍和登记标志中所使用的字母、数字和其他图形符号的标准,并明确说明了这些字符用在不同类型飞行器具的位置。本附件还要求对航空器予以登记,并为 ICAO 缔约国使用而提供了这一证书的样本。航空器必须随时携带证书,并且必须有一块至少刻有航空器国籍或共用标志和登记标志的识别牌,固定在航空器主舱门的显著地方。多年来的大量努力使得航空器的分类尽可能简明,然而却包含了人类智慧所能够发明的所有类型飞行机械。

附件 8——航空器的适航性

针对航空器审定和检验,指定了统一程序。为了安全的利益,航空器的设计、构造和运行必须符合航空器登记国的有关适航要求。因此,便向航空器颁发适航证宣布该航空器适于飞行。附件 8 包括一系列广泛的标准,供国家适航当局使用,同时也包含了对民用航空局组织、职能的规定。这些标准就它国航空器进入或越过其领土的飞行,规定了国家承认适航证的最低基础,因而除其他事项外还达到了保护其他航空器、第三者和财产的目的。附件承认 ICAO 的标准不应取代国家规定,而且国家适航性规定是必需的,其中应包含个别国家认为必要的、范围广且详尽的细节,作为其审定每架航空器的适航性的基础。每个国家可自由地制定其本国的综合和详尽的适航规定或选择、采用或接受另一缔约国所制定的综合和详尽的规定。要求国家规定保持的适航水平体现在附件 8 广泛的标准之中,必要时还有 ICAO《适航技术手册》(Doc 9760 号文件)中所提供的指导材料的补充。附件 8 分为 4 个部分:第 1 部分是定义;第 2 部分是航空器合格审定程序和持续适航性;第 3 部分包括新的大型定翼飞机设计合格审定的技术要求;第 4 部分是直升机。

附件 9——简化手续

提供标准化和简单化的过境手续。对海关、移民、公共卫生和农业当局提出的具体要求，为航空器和商业运输地面放行手续提供便利。附件对国际机场运行的规划者和经理提供了一个参考框架，它详细规定了航空界最高程度的义务和政府提供的最低限度的设施。此外，附件 9 也按照既能满足有效地执行国家法律又可以提高经营人、机场和政府检查部门生产率的双重目标方式，对执行放行手续的方法和程序做了规定。

附件 10——航空电信

国际民用航空中的 3 个最复杂和最根本的要素是航空通信、导航和监视。这些要素由公约的附件 10 涵盖。第 I 卷提供标准化通信设备和系统；第 II 卷提供标准化通信程序，包含了与航空通信、导航和监视系统有关的 SARPs、航行服务程序（PANS）和指导材料。

附件 11——空中交通服务

空中交通管制、飞行情报和告警服务，一并称为空中交通服务，在不可或缺的地面支持设施中占有重要地位，保证了全世界空中交通的安全和高效运行。本附件建立和经营空中交通管制、飞行情报和报警服务等。

附件 12——搜寻与援救

组织搜寻与援救服务是为了解救明显遇险和需要帮助的人。由于需要迅速找到和援救航空器事故的幸存者，因此本研究纳入了一套国际上协商一致的标准和建议措施，包括搜寻与救援所需设备、服务组织和工作程序。规定了 ICAO 缔约国在其领土之内和公海上的搜寻与援救服务的设立、维持和运作，另有一个由 3 部分组成的处理搜救的组织、管理和程序的《搜寻与援救手册》对之加以补充。

附件 13——航空器事故调查

航空器事故的通知、调查和报告。航空器事故或严重事故征候的原因必须查明以防止重犯。查明原因的最好办法是通过以适当方式进行的调查。为了强调这一点，附件 13 声明事故或事故征候调查的目的在于预防。

附件 14——机场

包括机场设计和设备规范。第 I 卷：机场的设计和运行。第 II 卷：直升机场。它包含的题目范围广泛，跨越了从机场和直升机场的规划到具体的细节，如辅助电源的切换时间；从土木工程到照明设计；从提供复杂的救援和消防设备到保持机场去除鸟类的简单要求。机场所必须支持的迅速变化的行业，加重了这些大量题目对附件的影响。新的航空器机型、增长的航空器运行、低能见度条件下的运行以及机场设备的技术进步，共同使附件 14 成为变化最为迅速的附件之一。

附件 15——航空情报服务

航空情报服务的目标是保证国际空中航行的安全、正常和效率所必需的资料的流通。规定了收集、播报飞行所需航空情报的方法，包括航空情报服务如何接收和/或签发、整理或汇总、编辑、编排、出版/储存和分发详细的航空情报/数据，其目的是实现按照统一和一致的方式提供国际民用航空运行使用所需要的航空情报/数据。

附件 16——环境保护

保护环境免受航空器噪声和航空器发动机排放的影响。第 I 卷包含用于土地使用规划的航空器噪声审定规范、噪声监控规范和噪声接触单位规范；第 II 卷包含航空器发动机排放规

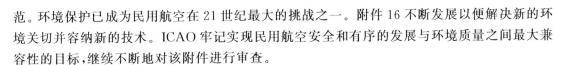

范。环境保护已成为民用航空在 21 世纪最大的挑战之一。附件 16 不断发展以便解决新的环境关切并容纳新的技术。ICAO 牢记实现民用航空安全和有序的发展与环境质量之间最大兼容性的目标,继续不断地对该附件进行审查。

附件 17——保安

维护国际民航安全,抵御非法侵害。包括抵御非法侵害国际民航安全行为的规范说明。主要涉及管理及协调方面,以及保护国际航空运输安全的技术措施,要求各成员国建立自己的民用航空保安方案,包括其他适当机构提出的附加保安措施。

附件 18——危险品的安全运输

世界上各种运输形式所承运的货物,有一半以上是危险品——爆炸物、腐蚀物质、易燃物质、毒性物质,甚至放射性物质。为了能够安全承运此类货物,附件 18 和文件《危险品安全航空运输技术指南》,规定了确保航空器安全运输危险品的必要要求,提供保护航空器及其持有人避免不必要风险的安全标准。

附件 19——安全管理

随着安全管理体系(SMS)和国家安全方案(SSP)等有关安全管理理念的引入,国际民航界提出将各附件中的安全管理条款整合和完善后,形成一个新的附件的要求。2013 该附件和《安全管理手册(第三版)》发布,对各成员国及其服务提供者的安全管理提出了要求,包括安全管理的有关安全管理职责和流程、民航安全管理体系实施要点和各要素相互关系等。

随着航空技术不断发展,附件常根据需要进行修订和更新。附件的典型内容基于 4 类:拟作为规范的标准;拟作为规范的推荐措施;处理前述问题的附件;术语定义。

成员国发布的标准包含了以上附件要求的原则或目标。航空器审定的 FAA/EASA 以及其它各成员国适航标准,其颁发需要符合 ICAO 附件的规定。适航审定是基于适航标准,而非直接基于 ICAO 国际标准。以上附件中与适航直接相关的有"附件 6——航空器运行""附件 8——航空器适航""附件 16——环境保护"等。

6.2.2 美国联邦航空管理局(FAA)

美国联邦政府于 1926 年 5 月 20 日通过了商业航空法案,这是美国民用航空航规章的基础。商业航空法案是应航空企业要求而通过的法规,这些航空企业相信只有依靠联邦政府行动来提高和维护安全标准,航空器才能完全发掘其商业潜力,航空运输业才能有更好的发展。该法案责成商务部颁布航空规章、审定航空器、认证机组资质、监管航线运营、维持航空援助,商务部还成立了新航空分部承担航空监督的职能。在商务部履行民航职能中,起初集中于制定规章、航空器审定、飞行员颁证的职能上。1934 年航空分部更名航空贸易局,以反映它在部里上升的地位。航空贸易局支持航空公司沿航线建立空中交通管制(ATC)中心,1936 年该局接管了中心,并扩张 ATC 系统。

1938 年民用航空法改变了联邦民用航空的职能,航空贸易局变更为民用航空管理局。1940 年,民用航空管理局一分为二:民用航空管理司(CAA)、民航委员会(CAB)。CAA 负责 ATC、飞行员和航空器审定、航空安全执法和航空公司拓展。CAB 负责航空安全规章立法、事故调查。二者都是商务部的一部分。

喷气客机的引入和一系列空中相撞事故,促使 1958 年通过联邦航空法。该法案将 CAA 职能转变为了新的独立实体,即联邦航空局(Federal Aviation Agency,FAA)。根据该法案,联邦航空局在航空安全方面具有更广泛的权力,安全立法也从 CAB 转了过来,给 FAA 增加了制定适航规章的职责;同时赋予了联邦航空局独家发展、维护航空安全、空中交通管制系统的职能。同年,第一架喷气式飞机 B707 得到了 FAA 审定,该飞机一直生产到 1991 年。从 1958 年开始,FAA 逐步制定联邦航空规章(Federal Aviation Regulation,FAR)。

1966 年,议会授权建立联邦运输主要职责政府部门,1967 年 4 月 1 日新的运输部(DOT)开始运行。至此,FAA 成为运输部代表机构之一,并被赋予新名字联邦航空管理局(Federal Aviation Administration,FAA)。同时,CAB 事故调查职能转移到了国家运输安全委员会(NTSB)。FAA 负责民航安全性,主要作用包括:管理民航以提升安全性、鼓励发展民航技术、发展运用军民航空器的导航和空中交通管制系统、发展国家空域系统、发展执行航空器噪声控制和其他环境保护计划、管理美国商业航天运输。

6.2.3 欧洲航空安全局(EASA)

空客公司的成立,以及欧盟和美国在民航界的竞争需求,促成了 1970 年代初欧盟范围内的联合航空局(Joint Aviation Authority,JAA)诞生,当时 JAA 主要负责大型运输类飞机和发动机的适航技术要求。1987 年,JAA 工作范围扩展到了运营、维修和人员执照。1990 年,塞浦路斯协议的签订标志着 JAA 的成立,它由欧洲一些国家的民用航空局组成,在欧洲统一了民用飞机安全要求——联合航空规章(Joint Aviation Regulation,JAR),但这时的 JAA 不是一个法律框架下的机构,而是一个协会,在每个主权国家同时存在适航当局。适航审查时 JAA 组成的审查组由各国适航当局参加,审查报告提供给各国适航当局,最后由各国适航当局单独颁发证件。

随着欧盟国家一体化步伐的发展,以及欧洲在民用航空界竞争的需要,2002 年欧盟决定成立欧洲航空安全局(European Aviation Safety Agency,EASA),全面接替原 JAA 的职能,并按欧盟法律在成员国内具有强制性的法律权限。EASA 的建立目的是在欧洲航空安全和环境管理领域设立通用规范。2003 年 9 月 28 日 EASA 开始运行,2004 年正式宣布成立,欧盟国家被授权参与该机构。

EASA 的主要职责是安全性分析和研究,提议并起草欧盟法规,执行和监测法规在成员国和工业界的实施,采用 EASA 审定规范和指导材料进行技术检查及颁发证书,包括授权国外运营商、飞机及组件型号认证、批准航空产品设计、制造和维护机构。EASA 在航空安全和环境保护的所有领域发展自己的专门技术,以便在以下方面制定统一规则:航空产品、零部件和设备的审定;从事以上产品维护工作的组织机构和人员批准;空中运行的批准;机组人员工作执照;机场和运营商的安全性监督。EASA 总部包括执行委员会、立法委员会、审定委员会、质量和标准化委员会、管理委员会。目前,EASA 总部设在德国科隆,空客产品及生产制造全部由 EASA 进行审查颁证和管理;其他产品设计由 EASA 进行审查批准,而制造由所在国适航当局进行审查批准。

6.3　适航标准体系

6.3.1　欧美适航标准体系

目前除了滑翔机、气球等小产品外,国外适航标准体系主要是欧美两大体系。美国联邦法规总共有 50 部,其中与航空业相关的是第 14 部航空和航天法规。第 14 部又分为 5 章,其中第 1～3 卷是民用航空法规,如表 6-1 所列。

表 6-1　美国航空和航天法规

部	卷	章	分　部	管理部门
第 14 部 航空和航天	1	I	1～59	美国运输部 FAA
	2		60～139	
	3		140～199	
	4	II	200～399	美国运输部秘书办公室(航空诉讼)
		III	400～1 199	美国运输部 FAA 商业太空运输
	5	V	1 200～1 299	美国国家航空航天局
		VI	1 300～1 399	空运稳定委员会

1958 年以来,航空业内一般使用 FARs 作为 Federal Aviation Regulations 的缩写,由于该缩写容易与另外一部联邦法规 Federal Acquisitions Regulations 引起混淆。为了避免这种情况出现,FAA 使用"14 CFR part XX"来引用航空法规。大多数法规使用奇数编号,这是因为 1958 年 FAA 在对联邦航空法规重新编号时,为将来新的法规做了编号预留。FAA 有时也会根据需要发布 Special Federal Aviation Regulations(SFAR)。SFAR 一般作为某些 FAR 的补充法规或针对特殊情况而颁布的法规。SFAR 与其他 FAR 法规没有直接关联,且超过有效期后就会废除。SFAR 编号一般是连续的,SFAR 也是强制执行的,如 SFAR88 是关于油箱防火防爆的要求,SFAR92 是关于安装增强型驾驶舱门的要求。

针对民用航空的法规分为 3 个大类:管理类、适航取证类和适航运行类。有 3 个基本的法规管理航空器满足基本的适航要求,即 Part21、Part43 和 Part91。FAR 法规之间的关系如图 6-1 所示(源自 C. Rayner Hutchinson III,Aviation Consulting,From a concept developed with:Wyman Shell,Manager FAA MIDO-VNY)。

美国建立了以联邦航空规章(Federal Aviation Regulation,FAR)为基础的适航标准体系,涵盖运输类飞机、正常类飞机、实用类飞机、特技类飞机和通勤类飞机适航标准,载人自由气球适航标准,正常类和运输类旋翼航空器适航标准,航空发动机和螺旋桨适航标准。FAA已经制定的规章包括:

- FAR 1(定义和缩写);
- FAR 11(一般立法程序);
- FAR 21(航空器产品和零部件合格审定程序);
- FAR-23(正常类、实用类、特技类和通勤类飞机);
- FAR-25(大飞机);

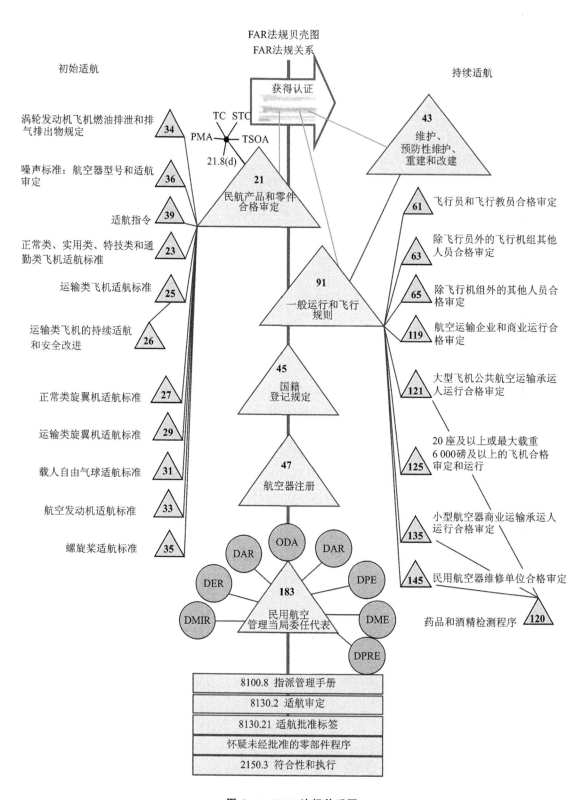

图 6-1 FAR 法规关系图

- FAR - 27(小旋翼机);
- FAR - 29(大旋翼机);
- FAR31(载人自由气球);
- FAR - E(发动机);
- FAR - 34(涡轮发动机飞机燃油排泄和排气排出物规定);
- FAR - 35(螺旋桨);
- FAR36(航空器噪声);
- FAR39(适航指令);
- FAR 43(维护、预防性维护、重建和改建);
- FAR 45(国籍登记规定);
- FAR 91(一般运行及飞行规则);
- FAR 101(系留气球、风筝、无人火箭和自由气球);
- FAR 103(超轻型飞行器);
- FAR 119(合格证:航空承运人和商业运营人);
- FAR 121(运行要求:国内、标识以及补充运行);
- FAR 125(审定与运行);
- FAR 129(运行:适用于在美国注册的参与公共运输的外国航空承运商或者运营者);
- FAR 133(旋翼飞行器外载荷运行);
- FAR 135(运行要求:通勤类和按需类航空器机组人员操作规则);
- FAR 137(农用飞机运行);
- FAR 145(维修站);
- FAR 147(航空维修技校);
- JAR - AWO(全天候运行);
- AR/CS - VLR(甚轻型旋翼航空器)。

在 FAR 之下,FAA 还颁发许多不同形式的支持性文件,一般有 AC(Advisory Circular)、Order、Policy、AD(Airworthiness Directive)、NOTAM(Notices to Airmen)、TFR(Temporary Flight Restriction)、NPRM(Notice of Proposed Rulemaking)、Notice。AC 即咨询通告,作为对规章要求的符合性方法的建议性和解释性材料,不需要强制执行。AC 提供了满足规章的方法,但这并不是满足法规要求的唯一方法,FAA 也会接受其他满足法规要求的等效方法。AC 不会改变、增加、偏离现行的法规要求。Order 是 FAA 内部的工作文件,一般作为永久有效的指令。Policy 一般作为法规、AC、Order 的解释性、补充性文件,指导用户如何符合法规的指南和可接受的程序。Policy 一般以备忘录的形式存在,不要求强制执行。AD 即适航指令,由 FAA 按照 FAR39 部要求,为纠正航空器、发动机或部件的不安全状况颁发的文件,是强制用户执行的指令。NOTAM 即航空情报。TFR 是航空情报的一种,提供航空器飞行航路上因战争、火山等危险状况需避开的限制区域。再更改法规,FAA 会发布 NPRM,供公众讨论并提出意见。NPRM 一般包括要修改的规章内容及相应支持信息。Notice 属于 FAA 内部通知类的文件,是临时性指令,一般有效期为一年,在紧急情况或需要立即采取措施时颁布。若文件需要修改或延期,Notice 将会转变成 Order,并指定一个新的序号。对于机载设备,FAA 还颁发技术标准规定(Technical Standard Order,TSO),引用工业界标准作为机载设备的适航标准。近年诸如动力滑翔伞、轻型体育飞机等的小型航空器，FAA 直接采纳美国材料试验协会(American Society for Testing and Materials，ASTM)标准来建立这类航空器适航标准，这也构成了美国适航标准的一部分。

在欧洲，1991 年欧盟议会颁发第 3922/91 号欧盟议会规章——民用航空领域规章和管理程序的协调，规定 JAA 成员国应采纳联合航空要求(JAR)作为协调一致的民航规章。由此，整个欧洲都采用 JAR 中的适航规章部分作为统一的适航标准。2002 年，欧盟议会颁发第 1592/2002 号欧盟议会规章——民用航空领域的通用规则和建立欧洲航空安全局。以此为标志，欧洲开始建立一个在欧洲范围内统一的民航当局 EASA，并得到制定欧洲范围内统一的、具有法律地位的、强制性的民航规章的授权。2003 年，欧盟议会颁发第 1702/2003 号欧盟议会规章——航空器及其产品、零部件和机载设备的适航和环境合格审定以及设计、生产机构合格审定的实施规则，从此 EASA 开始制定欧洲范围内统一的适航规章——合格审定规范(Certification Specifications，CS)。与美国的适航标准体系不同，欧洲将类似于咨询通告类型的法律文件作为规章的一部分列在规章中，称为可接受的符合性方法(Acceptable Means of Compliance，AMC)和指导材料(Guidance Material，GM)。

EASA 已经制定的规章包括：

- CS-定义；
- Part 21(航空器及其产品、零部件和机载设备以及设计、生产机构的合格审定)；
- CS-22(滑翔机和动力滑翔机)；
- CS-23(正常类、实用类、特技类和通勤类飞机)；
- CS-25(大飞机)；
- CS-27(小旋翼机)；
- CS-29(大旋翼机)；
- CS-VLR(甚轻型旋翼机)；
- CS-VLA(甚轻型飞机)；
- CS-E(发动机)；
- CS-P(螺旋桨)；
- CS-34(航空发动机排放与燃油排泄)；
- CS-36(航空器噪声)；
- CS-APU(辅助动力装置)；
- CS-ETSO(欧洲技术标准指令)；
- CS-AWO(全天候运行)。

6.3.2 适航标准体系的特点

适航标准体系有如下特点：

① 强制性——适航法规体系的上位法是《民航法》，任何从事民用航空活动的人必须严格遵守。

② 国际性——体现了整个人类对航空安全的祈求，反映了 100 多年人类航空实践的安全成果，是没有知识产权限制的宝贵知识成果。FAA 和 EASA(JAA)进行了 10 多年的协调，目前各国适航要求基本等同。

③ 完整性——适航法规体系贯穿于材料、设计、制造、运营整个过程,也贯穿于和航空活动相关的各个专业领域。条款号、修正案构成完整。

④ 公开性——全面对公众开放,例如 www.faa.gov、www.easa.int、www.caac.gov.cn、Safety.caac.gov.cn 均可公开访问,免费下载适航法规相关资料。

⑤ 动态性——适航要求在不断持续地修订和完善,仅 FAR25 部就修订了 133 次,新申请的项目要适时符合新修订的标准。每一次修订都由设计技术进步或航空事故结论推动,每一次修订都要花费大量的人力、财力、物力,是没有知识产权限制的宝贵知识成果。

⑥ 案例性——适航标准属于海洋法系,以案例为基础。事故的发生促进了适航标准的修订。

以 FAR25.571 为例展示适航条款的一些特点。表 6-2 所列是条款 25.571 的修订历史。

表 6-2 条款 25.571 修订历史

修正案	条 款	修订要点	生效日期
CAR4b		无关于疲劳的特殊要求	1953
3 号	CAR4b.270	破损-安全(选用)和安全寿命	1956.03
12 号	CAR4b.270	起落架安全寿命准则	1962
25-0	25.571/573	疲劳评定(破损-安全)	1965.02.01
25-10	25.571	声疲劳强度	1966.10.10
25-23	25.571	疲劳评定时使用的载荷标准	1970.05.08
25-45	25.571	损伤容限、安全寿命、离散源	1978.12.01
25-54	25.571	检查和程序列入 ALS(25.1529)	1980.10.14
25-72	25.571	删除标题(破损-安全),加入 MSD	1990.08.20
25-86	25.571	修改 25.571(b)(2)/(3)极限突风载荷	1996.03.11
25-96	25.571	提出 WFD 和全尺寸疲劳试验	1998.03.31

其中一次与 25.571 修订有关的事故是 Aloha Incident,1988 年 4 月 28 日,一架 Aloha 航空公司的波音 737 正在巡航高度飞行,客舱突然泄压爆炸变敞蓬飞机,一个正在前排收水杯的乘务员当即掉了出去,还有一个摔倒在地幸亏被乘客紧紧抓住。出事后飞行员回头观察客舱却"看见了蓝天"——机头到中间只剩货仓和地板连着,但飞机最终还是成功降下来了,除了掉下海那位之外乘客都幸存。两个飞行员因此成了名。

2010 年 7 月,一架美国西南航空公司波音 737 飞机飞至 3.5 万英尺(10 668 m)高空时,飞机机身突然出现漏洞。2011 年 4 月 1 日,美国西南航空公司波音 737-300 型客机于当地时间 15:25 左右从美国亚利桑那州菲尼克斯起飞,原定飞往美国加利福尼亚州萨克拉门托,40 分钟后一声巨响,飞机中段过道上方的机身有一个 6 英尺(约 1.8 m)长的破洞,整个飞机随之快速从超过 10 000 m 的高空降至 3 000 m 左右,无人伤亡,飞机在 16:07 迫降于亚利桑那州军用机场,出事的飞机到今年 6 月就已经飞行 15 年了,今年 2 月 5 日和 3 月 29 日还对机身进行了全面检查。随后机队检查蒙皮搭接检查发现 2 架飞机有"小的,表层以下裂痕"需要接受修复。

如果合理维护一架飞机,理论上能修无限次,但是结构维护措施没有随时间而改变,所以当前有效的结构维护工作在将来对于航空器的持续运行不一定有效。

为防止出现广布疲劳损伤,必须经常修改或更换结构,建立飞机能够运行所必须进行的所有更改和修理是一个很大的问题。

虽然现行条例要求通过全尺寸疲劳试验来证明在飞机 DSG 内不出现 WFD,但不保证飞机在达到 DSG 以后不出现 WFD。而且一旦飞机达到其 DSG,也没有限制飞机使用的任何要求。

飞机是在不断地维修检查并修理、更换或更改过程中保持其持续适航性。老龄飞机结构由于存在大范围的裂纹,必定存在大量的修理、更换或更改,而这些裂纹状态对每一架飞机来说是不完全相同的,已不是原先的全尺寸疲劳试验证实的飞机结构构型。

要求设计批准书持有人为其运输类飞机建立针对工程数据的有效性限制 LOV 来防止飞机结构 WFD 的发生,要求 DAH 决定在飞机达到有效性限制之前是否需要针对 WFD 的维修活动,如果需要,则要求 DAH 建立针对 WFD 的检查开始时刻(ISP)或(和)结构更改时刻(SMP)。

再举一个因事故发生而实时修订条款的例子。2001 年 9 月 11 日,美国经历了恐怖袭击,当时数架飞机被劫持并被作为武器使用。这证明有必要改进驾驶舱的保安性能。2002 年 1 月 15 日,FAA 发布 25 - 106,修订条款 25.772。

TWA 事故后,2001 年 5 月 7 日发布 25 - 102,对 25.981 进行了修订。1996 年 7 月 17 日,一架使用了 25 年的波音 747 - 100 飞机在从纽约肯尼迪国际机场起飞后坠毁,造成 230 人死亡。由国家交通安全部(NTSB)进行的事故调查指出,由于不明的点火源引起了中央大翼油箱的爆炸。NTSB 提交的建议材料指出:

- 减少对现役运输飞机中央大翼油箱中燃油的加热;
- 减少或禁止新的型号审定飞机在油箱中含有可燃蒸汽时的使用;
- 对现役运输飞机燃油系统的设计和维护措施进行再次评估。

事故调查着重调查了为点燃油箱中燃油蒸汽提供能量来源的机械失效。NTSB 在 2000 年 8 月 22—23 日华盛顿举行的公众会议上公布了他们对 TWA 800 事故的官方结论。NTSB 认为,爆炸的可能原因是点燃了中央大翼油箱中的可燃燃油/空气混合气。这次事故促使 FAA 围绕油箱爆炸、现有条例的充足性、飞机的运行历史和与油箱系统相关的维护措施进行安全事务检查。2008 年 9 月 19 日,25 - 125 继续强化燃油箱安全性,并颁布 26 - 2 增加对在役飞机的追溯要求。

⑦ 基本性——最低安全要求。目前,国际上的设计制造商在设计制造中基本都高于适航要求,航空活动的安全纪录也证明了这一点。

条款 25.803 应急撤离:

(c) 对客座量大于 44 座的飞机,必须表明其最大乘座量的乘员能在 90 s 内在模拟的应急情况下从飞机撤离至地面。

附录 J 应急撤离演示

必须使用下述试验准则和程序来表明符合 25.803:

(a) 必须在黑夜或白天模拟黑夜的条件下进行应急撤离演示。如果是在白天有自然光的室内进行演示,则必须遮挡演示场所的每扇窗户,关闭每扇门,以尽量减少自然光的影响。可以使用地板或地面的照明灯,但它必须保持很低并有遮挡,以免灯光射进飞机窗户或舱门。

(h) 必须按下列规定由正常健康人组成有代表性的载客情况:

- 至少 40% 是女性;
- 至少 35% 是 30 岁以上的人;
- 至少 15% 是女性,且 50 岁以上;

- 旅客携带 3 个真人大小的玩偶(不计入总的旅客装载数内),以模拟 2 岁或不到 2 岁的真实婴孩;
- 凡正规担任维护或操作飞机职务的机组人员、机械员和训练人员不得充当旅客。

2005 年 8 月 2 日下午,加拿大多伦多皮尔逊国际机场一架客机在着陆时冲出机场跑道并起火燃烧。警方称,这架客机是法国航空公司由巴黎飞往多伦多的 358 航班,飞机型号是空中客车 A340。机上共有 297 名乘客和 12 名机组成员,客机冲出跑道大约 200 m 远。据事后调查,绝大多数的乘客在飞机失事后 52 s 便已经被疏散,全部乘客则在 2 min 内离开客机。一名空服人员在乘客安全离开后还从前到后检查了飞机受损的情况,而后才撤离。

⑧ 实时性——可追溯条款、适航指令

2007 年 8 月 2 日,中国台湾的中华航空股份有限公司(China Airlines Ltd.,简称"华航")一架波音 737-800 型客机在日本冲绳(Okinawa)那霸机场(Naha Airport)起火爆炸。2007 年 8 月 28 日,民航总局发出紧急适航指令,要求所有航空公司在 20 天之内完成对波音 737-600/700/800/900 系列飞机的主缝翼滑轨组件的检查及相关工作,并要求此后飞机每飞行 3 000 个起落就要重复一次检查。目前有国内近 300 架波音飞机需要进行上述检查。

适航法规要求是人类航空安全活动共同的财富,是没有知识产权限制的宝贵知识,是我国民机产业走向世界的重要知识源泉之一,是民用航空产业可持续发展的基石。

6.3.3　飞机设计过程及各阶段人因内容

飞机设计过程主要包括 6 个阶段,即需求定义→概念设计→总体设计→详细设计→试飞取证→交付运营,这 6 个阶段的任务和人为因素工作内容如下。

(1) 需求定义

需求定义阶段的主要任务是市场和用户调研,分析航空运输量、市场需求和竞争等,确定飞机设计目标,提出设计理念、功能需求和主要性能指标。此阶段的人为因素相关工作内容主要是通过访谈和问卷调查确定机组人数,并从用户飞行员那里获得飞机设计理念的宏观需求信息。

(2) 概念设计

概念设计阶段的主要任务是初步确定全机布局、主要参数、发动机选择、分系统架构和主要几何参数等,给出详细技术要求和目标。此阶段人因工作主要是使用任务剖面法、功能流程图法等,进行系统功能流程分析和操作需求分析,并通过对用户飞行员的问卷调查验证概念设计方案和设计理念的匹配度。设计理念(设计计划)是产品设计的最顶层文件,它统一设计中的各种原则。设计理念通过设计原则、标准和流程来获得落实。

(3) 总体设计

总体设计阶段的主要任务是飞机总体气动外形优化、总体结构布置、各种机载设备和子系统布置方案设计,给出总体布置图。此阶段人因工作主要是通过数字人体模型、主观评价、问卷调查、时间线分析、试验台测试与评估等方法,确定驾驶舱布局、人机界面、人机功能分配、任务操作流程,这需要进行大量分析、测试和评估工作,并且经过多次迭代,最终确定总体设计方案。

(4) 详细设计

详细设计阶段的主要任务是对总体设计方案的具体实施,进行系统部件设计和测试。此阶段人因工作主要是基于飞行任务,采用工作负荷量测量、主观评价、生理测量、绩效测量、情境意识测量、差错分析等方法,对机组操作程序和操作绩效进行测试和评估。

（5）试飞取证

试飞取证阶段的主要任务是按照适航要求进行试飞试验，取得适航证件。此阶段人因工作主要是选择适航符合性方法，对人为因素进行集成演示，验证机组工作负荷量水平以及其他人因项目符合适航条款要求。

（6）交付运营

交付运营阶段的主要任务是机组训练、飞机维护以及持续适航管理。此阶段人因工作主要是训练和维护中的人为因素。

现代飞机驾驶舱人为因素设计是人因要求最为集中的地方，需集成考虑各种因素，包括人机界面、人身安全和健康危害、系统安全、个人能力和局限、人力资源、生存和营救、训练等都在人因工程师应考虑的范畴。驾驶舱人因设计是一个不断迭代优化的过程，其应用贯穿从需求分析、设计、认证，直到交付运营的全生命周期。有效规划驾驶舱设计中的人为因素，将会提高飞机安全性，并降低成本。

6.3.4　人为因素适航条款

1. FAR25 涉及人因的条款

以 FAR25 为例，涉及人因的条款如表 6－3 所列。

表 6－3　FAR25 涉及人因的条款

B 分部 飞行	
一	25.143 总则
C 分部 结构	
操纵面和操纵系统载荷	25.391 操纵面载荷：总则　　25.399 双操纵系统 25.397 操纵系统载荷　　25.405 次操纵系统
D 分部 设计与构造	
操纵系统	25.671 总则　　25.679 操纵系统突风锁 25.672 增稳系统及自动和带动力的操纵系统　　25.699 升力和阻力装置指示器 25.677 配平系统　　25.703 起飞警告系统
起落架	25.729 收放机构　　25.735 刹车
载人和装货设施	25.771 驾驶舱　　25.781 驾驶舱操纵手柄形状 25.772 驾驶舱舱门　　25.783 条舱门 25.773 驾驶舱视界　　25.785 座椅、卧铺、安全带和肩带 25.777 驾驶舱操纵器件　　25.791 旅客通告标示和标牌 25.779 驾驶舱操纵器件的动作和效果　　25.793 地板表面 　　25.795 保安事项
应急设施	25.801 水上迫降　　25.812 应急照明 25.803 应急撤离　　25.813 应急出口通路 25.807 应急出口　　25.815 过道宽度 25.809 应急出口的布置　　25.817 最大并排座椅数 25.810 应急撤离辅助设施与撤离路线　　25.819 下层服务舱（包括厨房） 25.811 应急出口的标记　　25.820 厕所门

通风和加温	25.831 通风	25.832 座舱臭氧浓度
增压	25.841 增压座舱	
防火	25.851 灭火器 25.853 座舱内部设施 25.854 厕所防火 25.855 货舱和行李舱	25.857 货舱等级 25.858 货舱或行李舱烟雾或火警探测系统 25.863 可燃液体的防火
E 分部　动力装置		
动力装置的操纵器件	25.1141 总则 25.1142 辅助动力装置的操纵器件 25.1143 发动机的操纵器件 25.1145 点火开关 25.1147 混合比操纵器件 25.1149 螺旋桨转速和桨距的操纵器件	25.1153 螺旋桨顺桨操纵器件 25.1155 反推力和低于飞行状态的桨距调定 25.1157 汽化器空气温度控制装置 25.1159 增压器操纵器件 25.1161 应急放油系统的操纵器件 25.1165 发动机点火系统
动力装置的防火	25.1189 切断措施 25.1197 灭火剂	25.1199 灭火瓶 25.1203 火警探测系统
F 分部　设备		
总则	25.1301 功能和安装 25.1302 飞行机组使用的安装系统和设备 25.1303 飞行和导航仪表	25.1305 动力装置仪表 25.1307 其他设备 25.1309 设备、系统及安装 25.1317 高能辐射场(HIRF)防护
仪表：安装	25.1321 布局和可见度 25.1322 警告灯、戒备灯和提示灯 25.1323 空速指示系统 25.1325 静压系统 25.1326 空速管加温指示系统	25.1329 自动驾驶仪系统 25.1331 使用能源的仪表 25.1333 仪表系统 25.1337 动力装置仪表
电气系统和设备	25.1351 总则 25.1357 电路保护装置	25.1360 预防伤害 25.1365 电气设备、马达和变压器
灯	25.1381 仪表灯 25.1383 着陆灯	25.1385 航行灯系统的安装 25.1397 航行灯颜色规格
安全设备	25.1411 总则 25.1415 水上迫降设备	25.1419 防冰 25.1423 机内广播系统
其他设备	25.1439 防护性呼吸设备 25.1441 氧气设备和供氧 25.1443 最小补氧流量 25.1445 氧气分配系统设置的规定	25.1447 分氧装置设置的规定 25.1449 判断供氧的措施 25.1450 化学氧气发生器 25.1461 含高能转子的设备
G 分部　使用限制和资料		
—	25.1501 总则	
使用限制	25.1523 最小飞行机组	

续表 6 - 3

标记和标牌	25.1541 总则 25.1543 仪表标记:总则 25.1545 空速限制信息 25.1547 磁航向指示器 25.1549 动力装置和辅助动力装置仪表	25.1551 滑油油量指示器 25.1553 燃油油量表 25.1555 操纵器件标记 25.1557 其他标记和标牌 25.1561 安全设备 25.1563 空速标牌
飞机飞行手册	25.1581 总则 25.1583 使用限制	25.1585 使用程序 25.1587 性能资料
H 分部　电气线路互联系统(EWIS)		
—	25.1705 系统和功能 25.1711 部件识别	25.1721 EWIS 的保护

在 25.1302 条款发布之前,25 部适航规章中没有对人为因素做出专项要求,而是以系统部件为导向,针对部件本身特性做出工效学要求,因此人因要求分散在各条款,并最终通过条款 25.1523"最小飞行机组"的符合性间接表明人因的符合性。因此,人因相关条款是分散在各个部分的,人因适航符合性考察以 1523 条款符合性为主导。

因多起与自动化驾驶舱中飞行员操作绩效和差错有关的事故,促使 FAA 启动了一项人因研究,项目组成员包括 FAA、JAA(EASA 前身)和人因领域的专家,并与波音、空客等合作。1996 年,该项目组发表研究报告《飞行机组和现代驾驶舱系统的人机界面(FAA Report,1996)》,确认了一系列影响飞行安全的自动化驾驶舱人机界面设计、飞行员人为差错和管理有关的问题,并提出 51 项改进建议,这其中包括补充和修订适航规章中的人为因素条款。

1999 年,美国运输部(Department of Transportation,DOT)要求 FAA 检查 FAR25 条款,提出新条款和相应咨询通告(AC),并协同其他适航当局和飞机制造商共同采取措施,寻找如何有效诊断、减少和管理飞行机组人为差错。FAA 随即启动人因协调工作组,成员包括了 FAA、JAA、波音、空客等。与此同时,JAA 于 2001 年发布了一个过渡性指南文件《驾驶舱设计规章所影响的人因方面(INT/ POL/25/14)》,要求 JAA 认证项目必须考虑人为因素,重点审核新颖的人机界面技术、飞行程序是否会影响飞行机组操作绩效、人为差错和管理。2004 年,人因协调工作组发表报告,指出了 25 部人因条款的不足,并建议增加新的 1302 条款和相应 AC。25.1302 条款规定了防范和管理飞行机组人为差错的设计要求,这是 25 部的第 1 款以飞行机组任务为导向的条款。EASA 根据此建议于 2007 年在 CS25 中发布了 1302 条款 (Amendment 25/3)和相应可接受符合方法 AMC25.1302,FAA 于 2013 年发布 25 - 137 号修正案,在 FAR25 中也加入了 1302 条款,并发布了相应 AC25. 1302 - 1。FAA 的此次修订缩减了 FAR25 与 CS 25 规章之间的差异性。

25 部包含的驾驶舱设备设计要求中,一些是系统具体要求,如 25.777、25.1321、25.1329、25.1543 等;一些是一般适用要求,如 25.1301(a)、25.1309(c)、25.771(a);还有一些是建立最小飞行机组的要求,如 25.1523 及其附录 D。25.1302 条款增强了一般适用要求,其方式是加入更多对设计属性更明确的要求,这些设计属性与避免和管理机组差错有关。其他避免和管理机组差错的方法是通过 14 CFR(Title 14,Code of Federal Regulations)飞行机组成员和航空器操作的执照和资质的操作要求的规定。总之,这些条款要求提供了安全和审定的一个适当水平。

为了指导适航审定和符合性验证工作,FAA 发布相应的咨询通告(AC)、政策(Policy)、备忘录(Memo)和指南(Guidance),与 25 部规章中驾驶舱人因相关的辅助材料包括:

- AC25 - 11B 驾驶舱电子显示系统;
- AC25.773 - 1 驾驶舱视界设计的考虑;
- AC25.1302 - 1 飞行机组使用的安装系统和设备;
- AC25.1309 - 1A 系统设计和分析;
- AC25.1322 飞行机组警告;
- AC25.1523 - 1 最小飞行机组;
- AC20 - 88A 飞机动力装置仪表标记;
- AC120 - 28D 批准Ⅲ类起飞、着陆和滑跑的最低天气标准;
- Policy Memo ANM - 99 - 2 运输类飞机驾驶舱人因审定计划评审指南;
- Policy Memo ANM100 - 01 - 03A 驾驶舱审定人因符合性方法考虑。

此外,还有一些其他文件与驾驶舱设计和飞行机组界面有关,一些文件含有特殊的约束和限制,特别是那些非航空专用的文件。例如,ISO9241 - 4 有许多非航空专用的有用指导。使用文件时,申请人应考虑诸如预期运行环境、紊流、照明和驾驶舱交叉侧可达等环境因素。这些文件包括:

- SAE ARP 4033 飞行员-系统集成;
- SAE ARP 4102/7 电子显示器;
- SAE ARP 5289A 航空电子符号;
- FAAReport 1996 飞行机组和现代驾驶舱系统界面;
- FAA Notice 8110.98 复杂综合航电作为 TSO 的人机界面问题;
- FAA/RD - 93/5 驾驶舱审定人员的人为因素;
- FAA/CT - 03/05 人因设计标准;
- ICAO 8400/5 空中导航服务 ICAO 缩写和代码的程序;
- DOC 9683 - AN/950 ICAO 人为因素培训手册;
- ISO 9241 - 4 用视觉显示终端(VDTs)办公的人类工效学要求。

2. 25.1302 条款

以 FAR25.1302 为例,1302 条款的内容如下:

25.1302 飞行机组使用的安装系统和设备

本条款适用于飞行机组在驾驶舱正常座位位置处操纵飞机时所使用的机上安装系统和设备。申请人必须表明,这些所安装的系统和设备,无论单独使用还是与其他这样的系统和设备混合使用,设计上都满足:经培训合格的飞行机组成员使用,能安全地执行系统和设备预定功能相关的所有任务。这些所安装的设备和系统必须满足以下要求:

(1)驾驶舱控制器件的安装必须允许完成那些要求设备安全执行预定功能的所有任务,同时必须给飞行机组提供完成规定任务所必需的信息。

(2)飞行机组使用的驾驶舱控制器件和信息必须满足:

① 以明确的、毫不含糊的方式提供,且具有适合于任务的分辨率和精准度;

② 对于飞行机组方便可用,且与任务的紧迫性、频率和持续时间一致;

③ 如果需要安全运行的警告,则能够警告因飞行机组行为而造成的对飞机或系统的影响。

（3）所安装设备的操作相关活动必须:

① 是可预测的和明确的;

② 设计上能够使飞行机组以适于任务的方式干涉。

（4）在实际可行的范围内,所安装的设备必须包含能让飞行机组管理差错的方法,这些差错是飞行机组操纵设备所造成的、可合理预测的使用中会产生的差错。本条不适用于下列情形:

① 与飞机人工控制相关的技能差错;

② 由决策、行动或恶意不作为造成的差错;

③ 机组成员的鲁莽决定、行动,或忽视安全引起的遗漏;

④ 机组成员的暴力行为或受威胁造成的差错,包括受威胁进行的行为。

25.1302 条款的目的是降低因设计造成的飞行机组差错。新的设计要求将使飞行机组能检测到差错的发生并对差错进行管理,最终减少或避免飞行机组差错。条款确保将所安装系统和设备以适用形式提供给飞行机组所需的信息和控制,使飞行机组完成对预定功能任务的执行,但对所要求的任务并没有过多干涉,因此条款的执行旨在降低设计对差错的影响。AC25.1302 - 1 为控制器、显示器、系统行为和系统集成这些人因考虑方面提供了推荐的符合性方法。

6.3.5 符合性验证

1. 符合性验证的概念

适航性通过设计赋予航空器,通过合格审定程序确认,航空器研制方（申请人）通过符合性验证工作表明对适航标准的符合性,民航局方通过审查工作确认航空器的适航符合性。

符合性验证是采用各种验证方法,以验证结果证明所验证对象是否满足适航条例要求,检查验证对象和适航条例的符合程度。符合性验证贯穿民机研制全过程,通过它可以鉴定飞机研制质量,只有完成符合性验证,飞机才能取得民航适航证,投入市场运行。

适航符合性验证基础就是审定基础。适航审定工作中有两方,即申请人和民航局方。申请人依据确定的审定基础和符合性方法,遵循一定的管理程序向局方表明对适航标准的符合性,局方确认符合性。适航审定的结果形式为颁发适航证件。

适航符合性验证基础是民机型号设计适用的适航条款以及该型号设计专用条件。具体来说,就是飞机以怎样的适航条例、条款和修正案等进行符合性验证,有哪些需要增加的专用条件和标准,以及可以豁免的条款是哪些。这些适航符合性验证基础都要明确规定。例如,正常类、实用类、特技类和通勤类飞机以民用航空规章 23 部《正常类、实用类、特技类和通勤类飞机适航规定》作为符合性验证的基础。23 部规定了颁发和更改正常类、实用类、特技类和通勤类飞机型号合格证的适航标准。按照中国民用航空规章第 21 部的规定申请正常类、实用类、特技类和通勤类飞机型号合格证或申请对该合格证进行更改的法人,必须表明符合 23 部中适用的要求。23 部"第 23.3 条 飞机类别"的划分如下:

（1）正常类飞机,是指座位设置（不包括驾驶员）为 9 座或以下,最大审定起飞质量为

5 700 kg(约 12 500 lb(磅)),1 kg≈2.204 6 lb 或以下,用于非特技飞行的飞机。非特技飞行包括:

① 正常飞行中遇到的任何机动;

② 失速(不包括尾冲失速);

③ 坡度不大于 60°的缓 8 字飞行、急上升转弯和急转弯。

(2) 实用类飞机,是指座位设置(不包括驾驶员)为 9 座或以下,最大审定起飞质量为 5 700 kg(约 12 500 lb)或以下,用于有限特技飞行的飞机。按实用类审定合格的飞机,可作本条(1)中的任何飞行动作和有限特技飞行动作。有限特技飞行包括:

① 尾旋(如果对特定型号的飞机已批准作尾旋);

② 坡度大于 60°但不大于 90°的缓 8 字飞行、急上升转弯和急转弯。

(3) 特技类飞机,是指座位设置(不包括驾驶员)为 9 座或以下,最大审定起飞质量为 5 700 kg(约 12 500 lb)或以下,除了由于所要求的飞行试验结果表明是必要的限制以外,在使用中不加限制的飞机。

(4) 通勤类飞机,是指座位设置(不包括驾驶员)为 19 座或以下,最大审定起飞质量为 8 618 kg(约 19 000 lb)或以下,用于本条(1)所述非特技飞行的螺旋桨驱动的多发动机飞机。通勤类飞机的运行,是指正常飞行所能遇到的任何机动,失速(不包括尾冲失速)和坡度不大于 60°的急转弯。

属于以上类型的飞机,均需采用 23 部作为符合性验证的基础。而对于运输类飞机(19 座或以上)则需要采用 25 部《运输类飞机适航标准》作为符合性验证的基础。另外,还有针对民用航空产品和零部件合格审定的 21 部、针对民用航空发动机的适航标准 33 部等。

2. 符合性验证方法

在民机型号审查过程中,为了向审查方表明产品对适航条款的符合性,需要使用不同的方法来说明和验证,这些方法称为符合性验证方法。常用的符合性验证方法见表 6-4。

表 6-4　常用的符合性验证方法

符合性工作	方法编码	符合性验证方法	相应文件
工程评审	MC0	符合性声明 ● 引述型号设计文件; ● 公式、系数的选择; ● 定义	● 型号设计文件; ● 符合性记录单
	MC1	说明性文件	说明、图纸、技术文件
	MC2	分析/计算	综合性说明和验证报告
	MC3	安全评估	安全性分析
试验	MC4	试验室试验	● 试验任务书; ● 试验大纲; ● 试验报告; ● 试验结果分析
	MC5	地面试验	
	MC6	试飞	
	MC8	模拟器试验	
检查	MC7	航空器检查	● 观察/检查报告; ● 制造符合性检查记录
设备鉴定	MC9	设备合格性	可能包括前面所有的符合性验证方法

MC0 符合性声明——用图纸、工艺说明书、技术条件等设计技术资料来表明适航性条款要求是否被满足，多用于总则类的条款。

MC1 说明性文件——用文字说明等资料，以工程评审的形式来表明适航性条款要求是否被满足。

MC2 分析/计算——用分析和计算方法表明适航性条款要求是否被满足，如载荷评估、静强度和疲劳强度、性能、飞行品质、统计数据分析，以及其他特性的评估报告，包括同型号验证、使用经验、相似性分析等方法。

MC3 安全性评估——用风险分析、关键性分析、故障树分析、失效模式分析、软件质量计划等故障分析方法，或可靠性分析、故障后果分析、故障排除措施分析等进行安全性评估，表明适航性条款要求是否被满足。条款中有概率极小、危害最小、失效、故障影响等措辞时，必须进行系统安全性分析和评估。

MC4 试验室试验——通过试验室试验表明适航性条款要求是否被满足。试验对象可能是零部件、组件或完整件，试验内容包括这些试验对象的功能、性能、特性、强度、刚度、振动等，也包括各种缩比模型试验(如风洞试验)。

MC5 地面试验——飞机在地面静态或滑行状态(不包括起飞和着陆滑跑)进行设备、系统、性能和功能试验，表明适航性条款要求是否被满足。

MC6 试飞——飞机在飞行中进行飞机性能、品质、过载及各系统功能和性能试验，表明适航性条款要求是否被满足。试飞方法在其他方法不能完全演示符合性或者规章明确要求时采用。

MC7 航空器检查——适航专家在样机或飞机上，对部件、材料、工艺等进行目视和设备仪器进行的检查、测试、测量，以验证适航性条款要求是否被满足。检查的项目不能仅由技术数据证明其满足适航条款的充分性。

MC8 模拟器试验——在工程模拟器上进行模拟试验，表明适航性条款要求是否被满足。该方法主要用于操纵特性和驾驶特性的评估，一般配合试飞或其他方法一起使用。

MC9 设备合格性——用外购的器材、材料、机载设备、发动机、附件等的合格证明文件，表明适航符合性已被满足。如机载设备要求供应商提供验证所需的计算、分析、鉴定试验报告，必要时审定代表可目击鉴定试验。

根据要验证的适航条款内容，各种符合性验证方法可以单独使用，也可以组合使用。一般涉及面广的条款往往需用多种符合性方法验证。符合性方法选择原则上以最低成本满足条款要求，并不是试验项目越多越好，而是尽可能少而简单。

3. 人因要求的符合性验证方法

FAA 文件 Policy Memo ANM-99-2 和 Policy Memo ANM100-01-03A 列举了人因条款取证的 7 类符合性方法(Methods of Compliance，MoC)及其特点和一般适用范围。这些方法被 FAA 推荐用于 25 部中有关人因条款的符合性验证。

(1)图纸：这些是平面布置图和/或工程图纸，展示硬件或显示图形的几何排列。图纸通常用在符合性表明可以很容易地被降低为简单的几何、排列或一个给定特征的表示，呈现在技术图纸上。

(2)配置描述：这是一个对要求对象的布局、总体布置、运动方向等进行描述的文件，或者是对相似文件的引用。例如，这样的描述可以用来展示飞行仪器的相对位置、控制功能分组、对显示器和警告的彩色编码配置等。配置描述通常没有工程图纸那么正式,之所以使用它,是为了指出设计的特点,以支持对符合性的发现。配置描述可以易于理解的方式说明设计理念或概念是如何实现一致性的。在某些情况下,这种配置描述可以提供足够的信息来发现对一个特定要求的符合性,然而更多的时候,配置描述提供了需要演示、试验或其他确认符合性方法的重要的背景信息。配置描述提供的背景信息可以显著降低演示或试验相关的复杂性和/或风险。

(3) 声明相似性:这是对申请批准的系统和早先已获批系统的描述。详细描述二者在物理、逻辑和操作在符合规章上的相似性。经过认证的先例是重要的,但这种符合性方法必须小心使用,因为驾驶舱应作为一个整体进行评估,而不仅仅是一套单独功能或系统。此前已获批的不同程序中的两个功能,当它们合并在单个驾驶舱里时,可能不兼容。同时,为了保持一致性和避免混淆,驾驶舱里的一个特征的改变,可能需要其他特征的相应改变。

(4) 评价、评估、分析:这是由申请人或其他人进行的(不是局方或指定人员),然后把结果提供一份报告给局方。在需要人作为被试者(例如飞行员)采集数据(主观的或客观的)的情况下,申请人应充分说明对被试者的挑选、什么样的数据将被收集以及如何收集。这将帮助局方审定团队确定在何种程度上进行评价、评估和分析,以便为证明符合性提供有效和相关的信息。评价、评估和分析的具体方法包括工程评价或分析、模拟评价、部分任务评价、模拟器评价、在飞行中的评价。

(5) 演示:这些与上述评价是类似的,不同的是演示是由局方或指定人员陪同申请方一起进行的。申请人可以提供一个报告或总结,其结果要求局方同意。在每一种情况下,申请人应注明演示的局限性,以及这些局限性是如何与要考虑的符合性问题相关联的。局方应仔细考虑它的哪些专家将参与(例如飞行员、人为因素专家或系统工程师)、哪些数据将被收集(客观的或主观的)以及如何收集这些数据。这是为了确保演示能够正确地针对符合性问题,并且由合适的局方评价者参与。演示的例子包括模拟演示、部分任务演示和模拟器演示。

(6) 检查:这是由局方或其指定人员对规定项目的审查。该方法仅限于那些可以通过观察(或倾听)就能容易确定符合性的项目(例如存在或缺少一个标牌、控制运动的方向等)。

(7) 试验:这些试验由局方或其指定人员进行。试验类型包括台架试验、地面试验、模拟器试验、飞行试验。

这些符合性方法并不是相互排斥的,申请人可以选择任何一个或组合方法来表明符合性。这些方法的覆盖面广泛,从简单的产品描述文档,对系统的局部近似,到对实际飞机的复制及其高精度操作。被审定产品的特点和要评价的人因问题类型是选择符合性方法时要考虑的关键点和基础。需要考虑的一般特征包括产品的集成/独立程度、新颖程度、复杂/自动化程度、对飞行安全影响程度、动态性、判断准则的主观程度等。通过将审定项目的设计特征、各种符合性方法的特点及适用范围比较,有助于找出最为匹配的符合性方法。

6.4　适航规章对飞行机组工作负荷的要求

6.4.1　工作负荷与飞行机组人数

飞行机组成员包括在航空器驾驶舱内执行任务的驾驶员、领航员、飞行通信员和飞行机械员。这里重点讨论工作负荷量相关的飞行机组(之后提到的机组均指飞行机组)。飞行机组成员包括在航空器驾驶舱内执行任务的驾驶员、领航员、通信员和机械员。他们的职责是:

机长——由正驾驶员担任,在飞行时间内为航空器的运行和安全负最终责任。

副驾驶员——机长的助手,接受机长的命令,在飞行的各个阶段监控航空器。

领航员——负责掌管、使用机上领航仪器、设备,掌握全航程的无线电导航资料,向驾驶员和地面提供各项经过计算的航行数据。

通信员——负责掌管使用机上通信设备,保证陆空通信的畅通。

机械员——负责飞机的动力装置和各个系统在飞行中的工作状态的操作或监视,遇有异常情况,协助机长采取必要措施。

按驾驶舱的设计及安排飞行机组人员的多少,飞行机组成员有单人制、两人制、三人制、四人制、五人制。

1903年有动力飞机诞生之后,飞机结构简单、操纵数目少,很长一段时间都是单人飞行。第一、二次世界大战期间,随着飞机技术发展,驾驶舱结构和操控系统复杂度极大提高,尤其是一些"降低工作负荷"的系统,如自动飞行、FMS、EFIS(Electronic Flight Instrument System,电子飞行仪表系统)等的采用,令局方、制造商和飞行员等联合得出结论,认为飞行机组需要使用两人制。

二战后的初期,新兴的运输行业经历了一系列惨痛的机舱失火,这些飞机以活塞引擎为动力并配以6 V直流电。数起大火导致美国要求毛重超过8万磅的飞机必须配备第3名机组人员。这些大火事故催生了著名的8万磅限制规则。事实上,是蹩脚的设计问题导致在一定的情况下汽油汽化后流进机舱致使机舱内空气过热而促成了那些火灾,但这没有改变第3名机组人员随机飞行的规则。

1964年之前,由于重量决定机组的法规,加上大型飞机操作的复杂性,使得1964年之前设计和取证的大型飞机的飞行机组多采用3人制、4人制,甚至5人制。例如1954年首飞的波音707飞行机组为4人制,1963年首飞的波音727飞行机组为3人制(正、副机长及一名随机工程师)。

8万磅规则常常受到挑战。最后,所有的相关部门都被卷入其中,制造商、操作者、飞行员代表协会、飞机工程师代表协会以及官方(FAA)调节,最后达成一致,即仅仅重量不是有效地衡量飞机是否要配备第3名机组人员随行的标准。1964年4月FAA颁布FAR25.1523修订版,1965年4月生效,规定机组人员数量取决于座舱的工作负荷量,而不再取决于飞机的总重,8万磅的规定同时作废。近40年来这些规定并无本质变化。

最先采用工作量新标准获得FAA适航认证的是波音公司的B737,实际上1967年试飞的B737自设计之初就已确立只需正副驾驶2人机组的驾驶舱操作方式,该机型获得FAA适航认证并获得了巨大成功,成为率先使用两人机组驾驶的典范。20世纪70年代,现代化技术的发展使得3人制驾驶舱逐渐被2人制驾驶舱取代,自动飞行系统取代了飞行工程师的工作。

对于25部飞机,随着工程技术的进步和经济上的考虑,2人机组正成为当前大型飞机事实上的机组定员标准。对于23部飞机,从历史来看多数已被认证为单飞行员操作,预计将来的多数23部新机型也会是单人操作,因此除非某设计被认为单人操作是不安全的,否则局方不会要求使用2人或多人机组。

6.4.2　飞行机组工作负荷适航要求

在相当长一段时期内,飞行员工作负荷评估是民机驾驶舱人因评估的总纲统领,在民机有关适航性验证和审定中占据顶层关键地位。对飞行员/机组工作负荷的评估,目标是要验证该机型在工作负荷方面是否满足适航要求。任何新机型或改装机型均需进行系统评价和试验计划,通过一套逻辑过程来评估、测量、演示特定驾驶舱设计施加给飞行员/机组的工作负荷。为了保证航空器能安全地作为常规交通工具运行,在投入市场之前,必须证明航空器设计和构造是符合安全要求的,这就是适航符合性审定。适航概念的引入,帮助航空工程领域的研究者、设计者、制造者、运营商和适航当局相互了解,为飞行安全这个共同目标而协同一致的工作。本研究介绍民航飞行员/机组工作负荷适航规章条款、适航符合性验证方法和审定程序,以及国内外在工作负荷标准方面的研究成果和已发布的相关标准。

FAR25/CCAR25《运输类飞机适航标准》涵盖了工作负荷的内容。25 部 1523 款(最小飞行机组)及其附录 D 规定了工作负荷要考虑的因素,要求必须规定最小飞行机组,以保证安全运行的需要。座舱工作负荷必须基于 25 部附件 D 中的考虑因素来确定,附件 D 罗列了 7 种工作量功能和 10 种工作量因素作为航线机组人员是否需要加强的工作量评估标准。

根据 25 部及相关 AC 等适航规章要求,为完成基本的机组功能,需要考虑的基本工作负荷包括:

- 飞行航迹控制;
- 防撞;
- 导航;
- 通信;
- 飞机控制的操作和监控;
- 决策;
- 对必需的操纵器件的可达性和操纵简易性(包括飞行状态中,正常和紧急情况下,适当机组成员的操纵)。

与上述因素相关的 10 个工作量因素如下:

- 控制方法与操作;
- 仪表/显示器数据读取及其显著性;
- 程序数量与复杂性;
- 脑力和体力劳动时间与强度;
- 所需监控力度;
- 机组成员无用功率;
- 自动化程度;
- 通信;
- 紧急情况;
- 丧失资格。

对于以上工作负荷因素,有关各方面(飞行员、航空公司、制造商或研究人员)很少有异议。

在对机组工作负荷进行评定时,一些工作量因素被认为是对完成该任务关系重大的,对工作负荷执行分析和演示时考虑的工作负荷要素。这些工作负荷要素需作为工作负荷评定、分析/验证/演示的一部分。在表明最小飞行机组对 25.1523 条款的符合性时,所有这些工作量因素都要考虑在内,这一点是很重要的。表 6-5 列出了这些被公认的显著影响工作负荷的工作量因素。

表 6-5　机组工作负荷评定时需考虑的工作量因素

序　号	工作量因素
1	影响飞机稳定性的飞行特性和飞行航迹控制的简易性。在评估飞行航迹控制适当性时,诸如可配平性、耦合、湍流应对、阻尼特性、加力控制和渐变控制力这些因素都需要考虑。基本要素是在跟踪和分析飞行航迹控制特征过程中的体力付出、脑力付出和时间要求,以及与其他工作负荷的交互
2	所有必需的飞行、动力装置和设备操纵器件(包括燃油应急切断阀、电气控制器件、电子控制器件、压力系统操纵器件、发动机控制)进行操作的可达性和简便程度(易用性和简单性)
3	所有必需的仪表和告警设备(例如火警、电气系统故障和其他故障的指示器或告警指示器)的可达性和醒目程度,并考虑这些仪表或装置引导进行适当纠正的程度
4	燃油系统的操作程序的复杂性和困难,特别要考虑由于重心、结构或其他适航性的原因而要求的燃油管理计划,以及发动机自始至终依靠单一油箱或油源(其他油箱如果贮有燃油,则自动向该油箱或油源输油)供油而运转的能力
5	正常操作、判断和应付故障和紧急情况,包括完成检查单、开关和阀门的位置和可达,这些过程需要飞行员集中精神和体力付出的努力程度和持续时间
6	飞行中对燃料、液压、增压、电气、电子、除冰及其他系统所必需的监控程度。同时要有发动机读取记录
7	在航空器任何系统出现失效或故障时,所提供的自动化程度。这种自动化通过提供自动切断或自动隔离,以保证系统能够连续运转,并且尽可能减少所需的机组动作
8	通信和导航的工作量
9	由于任一应急情况可导致其他应急情况而增加工作量的可能性
10	乘客的问题
11	需要至少 2 名飞行员组成最小飞行机组时,一名机组成员丧失能力时

在对机组工作负荷评定时,除了考虑以上工作量因素之外,还需要考虑 25.1525 条所核准的运行类型。不工作的设备会增加机组的工作负荷。基于最小机组工作负荷的考虑,一些设备必须按特定操作类型运转。

6.4.3　高工作负荷行为

有一些典型的人的行为是与高工作负荷相关联的。建议试验员/观察员是熟悉这些人因项目的。在试验过程中,飞行试验评估员应对这些人因项目保持警惕,能注意到何时以及何种条件下应观察这些项目中的任何行为。如果在评估过程中,这些行为中的任何一种被观察到了,那么可能就有必要进行更详细的工作负荷检查。

下面列出了大量与人高工作负荷相关的典型行为。

1. 观察到的学习行为

(1)飞行员过度努力的学习设备的使用。

① 需要大量辅助;

② 反复参考培训材料。

（2）飞行员需要延长时间来熟悉操作。

（3）过度是记忆要求。

① 在整个培训过程,造成对手册的重复参考;

② 在菜单内难以找到功能;

③ 很难回到最初的显示页面、模式等。

2. 观察到的驾驶舱操作行为

（1）反复参考指南或手册。

（2）重复多次不成功的尝试来输入或更改数据。

（3）过多的低头时间。

① 打破正常扫描;

② 凝视单个显示器或界面;

③ 在 VMC 状态下,对周围空域监控不足。

（4）对座舱显示器监控不足。

（5）脱离执行任务。

① 多个并行任务未被全部执行(即未能执行检查单项目)。

② 过度使用自动化来维持性能。

③ 通信任务:

● 回应是简短的;

● 并非所有通信都被确认;

● 回读是不正确的;

● 飞行员漏掉通信。

（6）委任差错。

① 离散的。

● 委任差错(如选择不正确的模式);

● 遗漏差错(如需要时不能找到模式)。

② 连续的。

● 指引航线追踪差错:

　　- 垂直(高度);

　　- 水平(横向和/或冲出差错)。

（7）表现出压力或疲劳的迹象。

① 不能及时响应关键项目;

② 犹豫不决(延长决定或不能做出决定);

③ 疏忽(对事件响应失败);

④ 坚持要求将口头通信进行重复;

⑤ 呆板(如不能集中注意力完成一个单一任务)。

6.5　工作负荷适航符合性验证方法

对机组工作负荷的评定,目标是要验证该机型在机组工作负荷方面是否满足适航要求。

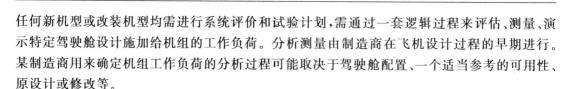

任何新机型或改装机型均需进行系统评价和试验计划,需通过一套逻辑过程来评估、测量、演示特定驾驶舱设计施加给机组的工作负荷。分析测量由制造商在飞机设计过程的早期进行。某制造商用来确定机组工作负荷的分析过程可能取决于驾驶舱配置、一个适当参考的可用性、原设计或修改等。

6.5.1　一般要求

对于那些先前已通过适航审定的飞机,咨询通告对飞行员工作负荷进行检验,可以为以下目的服务:评估单人操作飞机的驾驶舱布局、显示格式、信息呈现、控制操纵和系统运行逻辑的适当性。这些评估结果可以被用于以上特定方面的改进。

任何新机型或改装机型均需进行系统评价和试验计划,需通过一套逻辑过程来评估、测量、演示特定驾驶舱设计施加给机组的工作负荷。分析测量由制造商在飞机设计过程的早期进行。某制造商用来确定机组工作负荷的分析过程可能取决于驾驶舱配置、一个适当参考的可用性、原设计或修改等。

驾驶舱小的修改可能不需提供工作负荷分析,但大的改动可能要求进行大量评估。试验等级要与改动程度一致。要求的试验等级应有申请人提出,并报局方同意。重点考察那些有可能影响机组工作负荷的设计特性。结果分析、演示和试验必须构建来证明这些设计特征不会给任何机组成员带来过大的工作负荷要求或者增加差错可能。

在开始考虑预期人机界面的飞行员工作负荷、个人表现和其他适当因素时,需要先建立一个最小飞行机组。但最终确定则要求对完整功能和集成系统进行评估。由于飞行员与驾驶舱装备的人机界面对工作负荷和机组表现有直接影响,因此该人机界面应使用结构地面试验、实体模型和模拟器进行评估。在这些评估中,鼓励申请人将局方飞行员和人因专家包括进来。建议几个航班可以同在一个有代表性的运行环境中运行。也建议试验团队由3~5位不同背景和经验的飞行员组成,以满足一般飞行员群体的个体差异,以及满足试验中对航空器/系统不同方面所具备的期望水平。具有不同背景和经验的飞行试验团队将把系统暴露在各种驾驶技术和技能面前。典型运营航班可以揭示出工作负荷过大,这就可能要求工作负荷重新分配,或帮助确定必要的设计、运行、培训或程序修改。

飞机在工作负荷方面的符合性验证方法主要是分析和试验。

6.5.2　分　析

分析方法是确定新机型设计适航符合性的一种基本方法,是与之前已通过运行服务获得证明的设计进行比较。参考机型通常是已经通过运行使用测试获得证明的传统机型。

申请人应在设计进程之初即进行分析。分析方法的选择应基于特定驾驶舱构型的有效性、可靠性和实用性。在可能的情况下,分析应包含与其他相似驾驶舱的比较。分析的重点应在于修改部分或者新设备。更显著的修改需要更全面的评估,显著的修改会极大地改变驾驶舱配置、人机界面、飞行员任务或操作程序。鼓励申请人与审定办公室共享这些结果,以便尽快找出并解决潜在的问题。

在对一个新组件或新布置研究并且在实际飞行场景练习之后,一位试飞员可能对工作负荷给出的评价的精细程度至多是"比…好"或"比…差"。如果飞行员可靠且自信地指出一个显示器更易于或更不易于看见,或者指出一个扩增的控制系统比参考设计中一个功能相似的原

154

件要易用或不易用,那么这些"比…好"或"比…差"的判断提供了该创新带来工作负荷减少或未减少的实质性证据。这些"比…好"或"比…差"应由有资质的飞行员通过各种拟定的飞行状态进行证实。

- 如果局方人员在试飞试验早期的主观分析发现工作负荷可能有实质性的增加,那么就可能会要求有更深入的飞行试验评估来证明所增加的工作负荷是可接受的。这种情况下,基本驾驶舱设计应有可用的工作负荷范围,以适应所增加的工作负荷。
- 如果新设计在自动化水平或者飞行员职责方面有革命性的变化,那么相对于参考设计的比较分析就没有太大价值了。在没有现成数据库的这种情况下,要求既完成通常一般要求,也要完成偶然事件。这种情况需要更加完整、更多实际模拟和飞行试验。

一个可接受的评估工作负荷的分析方法是考察完成任务可用时间的百分比,即时间线分析法。还有其他可接受的分析方法,例如 Cooper - Harper 主观评价法、主任务测量法与辅助任务测量法、生理测量法等。

6.5.3 试 验

证明机组人员和评估机组工作负荷的试验是一个迭代过程,在程序中很早就开始进行。该过程包括实体模拟试验、台架设置或仿真,并且应根据最终配置的目标飞机的飞行试验而进步。在进行原型机系统的飞行之前,在获得初始性能评估的过程中,将基于模拟器的数据进行整合,这是很有用的,并且/或者是很必要的。尽管没有做出要求,但由参与个体而非公司或局方试飞员进行一些评估是值得的(参与者指既非制造商,也不是局方审定团队成员的那些个体)。如果这样做了,那么这些个体代表的是目标群体的经验和培训,这对于系统/飞机而言是适当的和预期的。直到飞机被该航空器审定所要求的具有适当经验的飞行员飞过之后,最小飞行机组才能确定。换句话说,在测定最小飞行机组时,直到一组经验丰富的飞行员驾驶了飞机、受到了培训和获得了驾驶资格,最终的决定才得以获得。当申请人寻求飞行员的批准时,担任评估师的应该是有经验、精通行员操作的飞行员。

在分析和验证工作负荷时,要注意记住关键的术语——基本工作负荷和最小机组线索。例如,对通信工作负荷的评价,需要包含在申请批准的飞行环境下适当操作飞机所需的基本工作负荷。在实际运行条件下评估机组剩余工作能力的过程中,要注意了解的是最小机组能否完成所需的操作。

试验方案应解决 1523 款和表 6 - 5 所列出的所有工作负荷功能和因素。例如,工作负荷的评估要包括在批准的飞行环境中适当操作飞机时的通信任务。目的是评估在实际操作条件下机组的工作负荷,实际操作条件包括典型空中交通、天气、航线操作任务以及舱室通信表明符合性的飞行试验程序应由申请人提出,该程序应结构化,解决以下因素:

① 航线。构建一个航线来模拟典型区域,该区域可能出现一些不利于天气和仪表飞行气象条件(IMC),还要提供航标和交通管制服务的一个代表性组合。

② 天气。飞机应在一个地理区域进行飞行测试,该区域可能出现一些不利天气,如湍流和 IMC 条件,包括白天和夜晚的运行。

③ 机组工作时间表。机组应分配到一个日常工作时间表,该时间表能够代表日常的操作类型,包括注意客舱潜在的问题。程序应包括工作日的持续时间,以及起降的最大预期数量。不要求对机组疲劳进行特定试验。

④ 最低设备试验。预先计划的无效调度项目会导致工作负荷的增加,这些项目应并入飞行试验程序中。关键项目和有理由组合的无效项目应在调度飞机时进行考虑。

⑤ 交通密度。飞机应在能提供适当高密度区的航线上运行,也应包含精确和非精确进近、等待、复飞和转场。

⑥ 系统故障。程序应包含运行从正常模式到故障模式的变化结果。一级和二级系统都应该考虑。

⑦ 应急程序。在试验程序中应构建各种紧急情况,以表明紧急情况对机组工作负荷的影响。

工作负荷评估方法主要有 3 类:直接比较、间接比较和独立评估。

比较评估(直接的或者间接的)研究的是新设计与先前已审定的相似系统的飞行员-系统性能和接受性,先前的相似系统已演示了安全性并且有运营服务历史。通常情况下,若新系统的工作负荷小于或等于参照系统,那么可认为新系统的工作负荷是可接受的。比较评估可以是直接的,即对两个彼此对照的系统进行评估,评估时给定任务和飞行航段。比较评估也可以是间接的,即只评估新系统,但要求试验参与者根据自己的回忆,比较该新系统与其他系统的性能差异。在进行比较评估时,要谨慎行事,因为之前审定的系统有可能存在功能/操作的问题,或其他不希望的特性,从而不能作为"好"的参照。因此,从这样的试验得到的结论应对其合理性和一致性仔细检查。对于任何比较评估,应进行一个彻底的安全性和服务历史的审查,以确保比较系统不存在疑问或问题。

还有一种评估方法是独立评估,即将要评估的系统作为一个独立组件,没有其他可以作为对比的系统,而仅基于该系统自身优点进行评估。但新组件必须作为驾驶舱整体的一部分进行评估,这是因为集成该组件可能会影响驾驶舱中其他系统的任务绩效和工作负荷。独立方法需要为每个数据收集方法建立成功标准,这样的方法要在试验开始之前的评估中使用。例如,如果贝德福德工作负荷量表被用于收集对工作负荷的主观评估值,那么在试验开始之前,评估者就要指出那些被认为不可接受的工作负荷的量值。虽然收集到的数据可能会显示一个给定任务相关的工作负荷是不可接受的高,但是否对影响工作负荷和/或绩效的设计、程序、和/或培训进行改动,这个最终裁定要由试验团队做出。对于有些项目,只有试验团队中的一或两个成员经历了,那么团队就要考虑那些个体的技能水平、培训、学习能力和经验。这可以确保这些个体差异不会导致这些领域中一个或多个的缺陷。如果新设计与之前已审定系统存在很大的差异,那么直接或间接比较评估就没有合适的参照系统,这时需要使用独立评估。例如,若新设计表现出自动化程度或飞行员职责的显著变化,那么与现有设计的比较则价值不大。在这种情况下,缺少一个比较的参照标准。因此,系统的评估必须基于它自身优点和预期功能进行,该功能需经过申请人确认并且提交局方同意。在所有可能的操作条件下,要评估的任务需被详细描述,要涉及完整系统功能,由它们的预期功能展示。

评估应当是结构化的,以保证新系统和驾驶舱配置是使用被授权飞机运行类别中具有代表性的场景评估的。尽管申请人可能提供了定量证实机组工作负荷的数据,但通常仍需要结构化的主观评估,以在具有代表性的运行环境中验证所提交的数据。这些评估对相同或实质相似的飞行科目中机组任务执行的简易性进行比较。拟定的飞行试验计划应解决以下因素:

① 航线。试验航线应模型化,提供具有代表性的组合,该组合要包括导航、机场、仪表进近和空中交通管制服务。

② 天气。所选择的航线应提供遭遇各种恶劣天气的可能性,这些恶劣天气对于飞机预期运行而言是适当的。

③ 机组工作日程。试验机组人员应分配给飞机操作运行中具有代表性的日常工作日程。程序包括工作日的持续时间、预期的最大起飞和到达数量、夜间飞行、最大允许工作时间和最小休息间隔。

④ 最低设备清单。在提议的飞行试验程序中,申请人应合并典型的调度配置。这些典型调度配置的组合可能导致模拟故障,这形成许多评估场景的基础。

⑤ 预期运行。飞机运行操作应在能提供仪表气象条件和目视气象条件的适当高密度区域的航线进行。这些航线需包括预期运行的进近类型,如精密/非精密进近、复飞、等待、转飞备降机场。

⑥ 无行为能力的机组成员。多数审定的 23 部飞机是单飞行员操作,但也有一些需要两名机组人员的例外情况。在这些情况下,应对无行为能力的机组成员的工作负荷进行评估。对于给定的一次飞行,审定程序应包括在机组成员完全丧失行为能力的任何一点的操作演示。必须表明,飞机可以由剩余机组安全操作和降落。在存在无行为能力机组成员的情况下,飞行员会通知 ATC,该飞机会被给予特殊考虑,以帮助飞行员在一个给定机场进近和着陆。因此,没有必要要求在一个"高"密度机场执行此演示,因为它不会准确地反映任务需求和要求。无行为能力飞行机组成员试验不需要加到所有其他"调度加后续故障"场景中。无行为能力应被看做是另一个"后续故障"的例子,被包含在一个或多个以调度配置起始的场景中,其中调度配置包括从最低设备清单所选的科目。

⑦ 系统故障。因系统故障和操作模式低级而产生的工作负荷应该在程序中评估。主系统故障和辅助系统故障,以及典型的组合故障均应包含在内。数据应收集飞行员识别时间、解释准确性、对故障认识、纠正和/或补偿的操作结果的适当性。在试验程序中,应建议进行一个抽样,该抽样包含了各种突发和非正常情况,以表明它们对机组工作负荷的影响。应收集飞行员对突发和非正常情况进行识别和采取适当行动的数据。这些评估过程,是验证相关检查单和程序正确性的好时机。

在选择试飞中将要被评估的系统故障之前,应进行模拟或分析研究,以确定哪些故障是更可能的。系统故障应根据出现可能性进行选择。没有必要评估那些发生概率极低的故障(即 1×10^{-9})。在紧急或非正常情况发生过程中,机组工作负荷分配应被理解,以保证选择适当的故障情况。

⑧ 差错评估。应对驾驶舱设计进行评估,以确定工作负荷是否是影响飞行员差错的显著原因。控制和显示器的设计缺陷会显著影响飞行员差错。对差错的检查也应进行,以确保当差错出现时,不会产生不安全或灾难状况。

6.5.4　确定符合性

有飞行员和观察员组成的型号审定团队应配备飞行卡片或其他能持续评价记录基本工作负荷功能的方法。这些记录应在每次飞行或给定某天的一系列飞行中进行累计。此外,审定团队应记录使用运行检查单的准备性。为了完成这些数据收集,飞机应配置成允许团队评估员观察所有机组活动,以及听到所有外部和内部通信。

6.6　工作负荷适航审定程序

（1）评估飞行计划。任何新机型或大修改飞机都必须使用局方批准的试验计划进行评估。验证符合 23.1523 的方法可以是分析、仿真、演示和/或飞行试验。对于新型或改型驾驶舱的工作负荷，最小机组工作负荷需要一套分析、测量、演示的逻辑过程来验证。

（2）分析/试验。

（3）数据收集和分析。

① 工作负荷数据。数据可能包括客观绩效测量、主观（感知）绩效评估。主观评估通过调查问卷和飞行员评价获得，另外还有由试验管理者、飞行试验工程师或人因工程师记下的观察记录。通常，客观数据（执行一个任务时间、错误率、独立操作的数量等）优于主观数据。然而从主观经验、观察和评价可以获得更多信息。此外，由于试验设置限制，或其他无法被试验队控制也无法获得补偿的变化因素，使得许多情况难以收集准确的客观数据。在这种情况下，主观数据可能被单独使用来表明对 23.1523 的符合性。为了评估何处仅需收集主观数据，申请人请考虑表 4-1 所列感知符合因素的定性排序，以及表 7-2 所列的可观察飞行员行为的等级。但推荐使用所有方法（包括客观和主观）的组合。每个组合可以提供有价值信息的适宜接口、工作负荷和飞行员理解和使用系统的能力。确定系统是否成功地符合规章要求是局方的职责。该确定应基于整个试验程序收集到的所有数据的总览，特别强调工作负荷、任务持续时间、未完成的任务和错误率。

② 表格。对于试验计划指导和数据信息收集，需要设计数据收集表格、调查问卷、等级量表和其他试验报告细节。

（4）试验的信用度。在开发一个新系统或组件的整个过程中，申请人应进行驾驶舱设计和飞行员绩效评估。如果可以表明试验是对符合规章的组件/系统做的，那么局方可以给予信用度来执行此类试验。整合可能完成随后的试验，但申请人必须证实用于评价的组件或系统是同样符合规章的组件/系统。一个程序若管理良好的、系统早期就备有记录的评估，那么就可以在审定程序中减少飞行试验数量、延后局方参与的时间。此类评估的信用必须在试验之前与局方负责办公室或授权代表进行协调。

6.7　工作负荷标准

6.7.1　国际标准

国际标准中将体力负荷与脑力负荷分开制定标准，体力负荷相关的部分国际标准如表 6-6 所列，脑力负荷相关的部分国际标准如表 6-7 所列。这些国际标准均是通用的，更偏向于指导一些民用产品。

表 6 - 6　体力负荷相关国际标准

序　号	标准号	英文名称	中文名称
1	ISO/CD 11226	ergonomics — evaluation of working postures	工效—工作姿势评估
2	ISO/CD 1228 - 1：	ergonomics — manual handling — part 1：lifting and carrying	工效—手动操纵—第一部分：举起和运输
3	ISO 2631 - 1：	mechanical vibration and shock：evaluation of human exposure to whole-body vibration：part 1：general requirements	机械振动：人体暴露在外的肢体振动评估：第一部分：一般要求
4	ISO 5349：	mechanical vibration guidelines for the measurement and the assessment of human exposure to hand transmitted vibration	机械振动中人体接触的手传振动评价

表 6 - 7　脑力负荷相关国际标准

序　号	标准号	英文名称	中文名称
1	ISO 10075 - 1：2017	Ergonomic principles related to mental workload — Part 1：General issues and concepts，terms and definitions	与脑力负荷相关的工效学原则—第 1 部分：总则、概念、术语及定义
2	ISO 10075 - 2：2000	Ergonomic principles related to mental workload — Part 2：Design principles	与脑力负荷相关的工效学原则—第 2 部分：设计准则
3	ISO 10075 - 3：2004	Ergonomic principles related to mental workload — Part 3：Principles and requirements concerning methods for measuring and assessing mental workload	与脑力负荷相关的工效学原则—第 3 部分：评价脑力负荷的方法使用原则与需求

　　其中 ISO 10075 - 3：2004《与脑力负荷相关的工效原则—第 3 部分：评价脑力负荷的方法使用原则与需求》标准包含测量与评价方法的内容,标准内容包含脑力负荷评价的一般原则、流程需求、测量仪器定量要求、文件要求等内容。

6.7.2　英美标准

　　美国装备人机工程标准的类别比较完整,从管理层面到技术层面均有相应标准支撑,其中既有顶层要求标准,如 MIL - STD - 46855A《装备人机工程要求》,也有设计层面的标准和指南,如 MIL - STD - 1472G《人机工程设计准则》,同时还有评价方面的标准,如 NUREG - 0700《人机系统界面设计评价指南》和 NUREG - 0711《人机工程项目评价模型》。同时,标准中规定的指标均比较合理,数据均是投入大量人力、物力和财力,并经过多年试验有效得出的,符合美军装备研制需求。在美军人机工程标准中,只有表 6 - 8 所列的 4 个标准包含工作负荷相关的标准要求及测试内容,MIL - STD - 1472G《人机工程设计准则》、MIL - STD - 46855A《装备人机工程要求》、HF - STD - 001《人的因素设计标准》、NASA - STD - 3001《航天飞行的人-系统标准》。其中 MIL - STD - 46855A《装备人机工程要求》中将工作负荷分析作为了一个条款进行介绍;MIL - STD - 1472G《人机工程设计准则》中并没有将工作负荷作为一个条款,只是

飞行员工作负荷

在部分条款中提到不能超过操作者工作负荷承受能力；NASA - STD - 3001《航天飞行的人-系统标准》和 HF - STD - 001《人的因素设计标准》中将工作负荷作为了单独的条款进行了介绍。

表 6 - 8　美国人机工程部分标准

序　列	标准号	标准名称	发布年代
1	MIL - STD - 1472G	《人机工程设计准则》	2012
2	MIL - STD - 46855A	《装备人机工程要求》	2011
3	HF - STD - 001	《人的因素设计标准》	2003
4	NASA - STD - 3001	《航天飞行的人-系统标准》	2010

英国当前最具代表性的人机工程标准当属国防部 2008 年发布实施的人机工程系列标准 DEF STAN 00 - 250(见表 6 - 9)，该标准中有工作负荷测量的方法概述以及优缺点介绍。英国海军司令部开创性地提出并制定了人的因素整合管理标准 MAP - 01 - 010《HFI Management Guide》，并在管理指南中新增提出了组织与社会领域的研究，有效地指导了人的因素整合在装备寿命周期各阶段的应用。英国海军在编制人的因素整合管理标准 MAP - 01 - 010《HFI Management Guide》的基础上，又针对性地发布了关于海军的 MAP - 01 - 011 "HFI Technical Guide(人的因素整合标准)"。该标准旨在为英国海军采购和研制项目的人机系统相互整合提供一种顶层的指导和系统工程方法，而不仅仅局限在某一单一领域的研究上。这 3 个人机工程标准的内容中均包含有与设计相关的工作负荷内容，但并没有关于工作负荷的评价的条款内容。

表 6 - 9　英国人机工程部分标准

序　列	标准号	标准名称	发布时间
1	MAP - 01 - 010	《系统整合管理标准》	2006
2	MAP - 01 - 011	《人系统整合技术标准》	2006
3	DEF STAN 00 - 250	《系统设计中的人的因素》	2008

6.7.3　国内标准

据统计，目前归口于人类工效学标准技术委员会的人机工程国家标准共计 74 项，涉及工作空间、人体尺寸、热环境、光环境、显示、控制等领域。在这些标准中，只有两项标准 GB/T 15241—1994《人类工效学 与心理负荷相关的术语》和 GB/T 15241.2—1999《与心理负荷相关的工效学原则 第 2 部分：设计原则》(见表 6 - 10)与工作负荷相关。

表 6 - 10　工作负荷相关国家标准

序　号	标准号	标准名称
1	GB/T 15241—1994	《人类工效学 与心理负荷相关的术语》
2	GB/T 15241.2—1999	《与心理负荷相关的工效学原则 第 2 部分：设计原则》

6.7.4 现状分析

通过对国内外人机工程标准的分析,分析找到与工作负荷相关的人机工程标准,并对工作负荷相关的标准条款进行总结分析,发现目前与工作负荷相关的标准存在以下规律及问题:

在国际标准中,目前还是将体力负荷与脑力负荷分开制定国际标准;美国提的是工作负荷,英国装备人机工程标准中提的是脑力负荷,在美国航天 NASA - STD - 3001 标准中分为体力负荷和认知负荷。

目前人机工程国内外标准中与本研究的工作负荷直接相关只有 5 个。3 个国际标准:ISO 10075 - 1:2017《与脑力负荷相关的工效原则—第 1 部分:总则、概念、术语及定义》、ISO 10075 - 2:2000《与脑力负荷相关的工效原则—第 2 部分:设计准则》、ISO 10075 - 3:2004《与脑力负荷相关的工效原则—第 3 部分:评价脑力负荷的方法使用原则与需求》;国家(军用)标准:GB/T 15241—1994《人类工效学 与心理负荷相关的术语》、GB/T15241.2—1999《与心理负荷相关的工效学原则 第 2 部分:设计原则》。

6.7.5 典型标准简介

(1) ISO 10075 系列标准

ISO 10075 系列标准包含 3 个标准:ISO 10075 - 1、ISO 10075 - 2、ISO 10075 - 3(见表 6 - 11)。ISO 10075 - 1 已更新了 3 个版本,最早的 1991 年版本标准号为 ISO 10075:1991,后两版更改为 ISO 10075 - 1,最新版本 ISO 10075 - 1:2017 与最早版的内容相比,2017 年版本的内容在 1991 年的基础上增加了内容。ISO 10075 - 2 的两个版本 ISO 10075 - 2:1996 和 ISO 10075 - 2:2000 在内容上几乎没有变化。ISO 10075 - 3:2004 目前未更新。下面就对 3 个系列标准的内容进行简要介绍,主要针对最新版本,重点对 ISO 10075 - 3:2004 标准内容进行介绍。

(2) ISO 10075 - 1

ISO 10075:1991《与脑力负荷相关的工效学原则——一般术语和定义》标准主要是对脑力负荷相关的 11 个术语进行了定义,包含心理应激、心理紧张、热身效应、激活、损害效应、心理疲劳、类疲劳态、单调感、警觉降低、心理餍足、实践效应。ISO 10075 - 1:2017《与脑力负荷相关的工效学原则—第 1 部分:总则、概念、术语及定义》在内容上不仅增加了一些术语,而且增加了概念解释及示例等内容。该标准中部分术语可作为编制工作负荷相关标准提供参考。

(3) ISO 10075 - 2

ISO 10075 - 2:2000《与脑力负荷相关的工效学原则 第 2 部分:设计原则》标准给出了工作系统设计中涉及在 ISO 10075:1991 中定义的脑力负荷及其影响的设计指南。工作系统设计包括任务、设备设计、工作场地以及工作环境设计,强调脑力负荷及其产生的影响。本标准规定了合理的工作系统设计和人的能力的使用,其目的在于使工作条件在人的安全、健康、舒适、效率等方面达到优化,避免由于脑力负荷过高或过低带来的影响。本标准只规定工作系统设计中的指导原则,不规定脑力负荷及其影响的测量。标准第 4 章"设计原则"中包含一般原则、涉及疲劳的指南、涉及单调的指南、涉及警觉性下降的指南、涉及餍足的指南。该标准提出的与脑力负荷相关的设计原则可作为编制工作负荷相关标准的一部分内容进行参考。

(4) ISO 10075 - 3

ISO 10075 - 3:2004 标准为评价脑力负荷的方法使用原则与需求,并提出测量仪器的需求。该标准是 ISO 10075 系列标准中为提供选择合适的方法并提供评估与测量脑力负荷的信息。该标准的目录见表 6-11。

表 6-11　ISO 10075-3:2004 标准目录及内容概述

章	条
前言 引言 1. 范围 2. 引用文件 3. 术语及定义	
脑力负荷的评价	4.1 一般原则
	4.2 过程需求
	4.3 测量仪器定量需求
	4.4 文件需求
附录 A 关于可推广性的附加信息	
附录 B 选择仪器清单	

ISO 10075-3:2004《与脑力负荷相关的工效学原则—第 3 部分:评价脑力负荷的方法使用原则与需求》标准是与本研究最相关的一个标准,所以对本研究提出标准草案工作的指导性最强。虽然本标准的对象是脑力负荷,但包括术语定义、一般原则、过程需求、测量仪器需求等内容均可作为工作负荷评价标准的参考内容。

(5) GB/T 15241 系列标准

GB/T 15241—1994《人类工效学 与心理负荷相关的术语》等效于 ISO 10075:1991《与脑力负荷相关的工效学原则——一般术语和定义》,GB/T 15241.2—1999《与心理负荷相关的工效学原则 第 2 部分:设计原则》等效于 ISO 10075-2:1996《与脑力负荷相关的工效学原则 第 2 部分:设计原则》。GB/T 15241 系列标准和 ISO 10075 系列标准的关系见表 6-12。GB/T 15241 跟踪转化了 ISO 10075 系列标准的 ISO 10075-1 和 ISO 10075-2,系列 3 目前没有出版的转化标准。

表 6-12　GB/T 15241 系列标准和 ISO 10075 系列标准对应关系表

标准号	版　本	标准名称	对应的国标	备　注
ISO 10075-1	1991	《与脑力负荷相关的工效学原则——一般术语和定义》	GB/T 15241—1994	ISO 10075:1991
	2000	《与脑力负荷相关的工效学原则—第 1 部分:总则、概念、术语及定义》		
	2017	《与脑力负荷相关的工效学原则—第 1 部分:总则、概念、术语及定义》		

标准号	版 本	标准名称	对应的国标	备 注
ISO 10075 - 2	1996	《与脑力负荷相关的工效学原则 第 2 部分：设计原则》	GB/T 15241.2—1999	两个版本的内容无变化
	2000	《与脑力负荷相关的工效学原则 第 2 部分：设计原则》		
ISO 10075 - 3	2004	与脑力负荷相关的工效学原则—第 3 部分：评价脑力负荷的方法使用原则与需求		

工作负荷相关标准可参考 ISO 10075 系列标准来制定，包括术语、设计准则、评价方法要求等，工作负荷相关的设计与评价标准缺失严重。

参考文献

[1] EASA. CS - 25 Certification Specifications for Large Aeroplanes. 2012.

[2] FAA. AC25.1302 - 1. Installed Systems and Equipment for Use by the Flightcrew. Initiated By：ANM - 111. 2013.

[3] FAA. AC25.1523 - 1. Minimum FlightCrew. Initiated by：ANM - 110. 1993.

[4] FAA. FAR25 Airworthiness Standards：Transport Category Airplanes. 2011.

[5] ICAO. Safety Management Manual (SMM). Doc 9859 AN/474. 2013.

[6] 中国民用航空局. 中国民用航空规章第 25 部运输类飞机适航标准（CCAR - 25 - R4）. 2011.